Algorithmique, Structures des Données et Programmation Pascal et C++

Avis important

La photocopie tue le livre.

Il est strictement interdit de photocopier ce livre, en partie ou en intégralité, sous peine de poursuites pénales à toute personne qui serait vue en possession d'une copie illégale de ce livre.

Photocopier illégalement un livre équivaut à un acte de vol car il s'agit de la propriété intellectuelle d'autrui protégée par les lois et règlements en vigueur.

Un effort d'accessibilité a été fait au niveau du prix pour permettre aux étudiants d'acheter le livre à un tarif réduit.

L'éditeur

Dr.-Ing. Serigne Bira Gueye

Algorithmique, Structures des Données et Programmation Pascal et C++

L'Harmattan Sénégal

« Villa rose », rue de Diourbel, Point E, DAKAR

http://www.librairieharmattan.com
http://www.harmattansenegal.com
senharmattan@gmail.com

ISBN : 978-2-336-30488-5
EAN : 9782336304885

Je dédie ce livre

À mes parents Awa Fall et feu Samba Ndoucoumane Guèye (Pr. Agrégé de Médecine)

À ma tante Asta Diarra Fall et son époux Aladji Moustapha Diallo (Professeur de Mathématiques appliquées et de Systèmes d'information dans les écoles d'ingénieurs françaises)

Au colonel Massamba Diop (Directeur des Hôpitaux) et sa famille

À ma femme Ndiémé Ndiaye

À mes enfants et amis
Mouhammad et Mariam

Avant-propos

Je remercie DIEU de m'avoir facilité ce travail. Je Le prie qu'Il fasse que cet ouvrage soit bénéfique à tous ses lecteurs.
L'industrie du traitement de l'information a besoin d'ingénieurs et de scientifiques pouvant allier théorie et pratique, logiciel (software) et matériel (hardware). En ce début de 21e siècle, toute bonne formation scientifique et technique de très haut niveau inclut l'enseignement de l'algorithmique et de la programmation. Ces dernières constituent un outil indispensable qui peut offrir une brillante carrière en Sciences Appliquées et dans le domaine des TIC.
Ce tome 1 traite les bases de l'Algorithmique et de la Programmation. Nous l'avons intitulé **'Algorithmique, Structures des Données et Programmation Pascal et C++'**.
Il s'adresse aux étudiants scientifiques (informaticiens, physiciens, biologistes, mathématiciens, statisticiens, etc.), aux doctorants, aux enseignants-chercheurs et aux techniciens (élèves-ingénieurs et ingénieurs).
Il est adapté à tous les niveaux et constitue une initiation très instructive pour un débutant. L'approche utilisée est claire, explicative et pédagogique. Toutes les images et figures qui y sont présentées sont originales. Ces dernières sont conçues spécialement pour faciliter la compréhension.
Son style est illustratif, pratique, schématique et combine théorie et pratique (Learning by doing) ; ce qui le rend très attrayant pour un lecteur expérimenté.
Ce livre peut être très bénéfique pour la recherche scientifique. Il offre des recettes de résolution de problèmes pouvant être réadaptées, selon les besoins.
Des programmes originaux y sont écrits avec des diagrammes de flux et structogrammes.
Il comprend les chapitres dont les thèmes sont les suivants :

✎ **Chapitre 1—Présentation, Définitions** : présente les systèmes de numération usuels, les niveaux de langages et les étapes permettant d'élaborer un programme.
✎ **Chapitre 2—Notions de Base, Premier Algorithme, Premier Programme** : introduit les notions de base de la programmation.
✎ **Chapitre 3—Types Élémentaires de Données, Types de Base, Types Primitifs** : présente les types de base : Entier (Integer), Booléen (Boolean), Réel (Real) et Caractère (Character).
✎ **Chapitre 4—Structures de Contrôle 1 : Séquence et Branchements** : traite les structures algorithmiques très fréquentes : la séquence, le

bloc et la sélection ; en mettant un accent particulier sur la Condition *Si* et le Choix.

✎ **Chapitre 5—Structures de Contrôle 2 : Les Boucles** : aborde les Boucles (Loops) : 'Pour' (*For*), 'Tant Que' (*While*) et 'Répéter... Jusqu'à' (*Repeat ... Until*) ; puis les compare.

✎ **Chapitre 6—Le Type Tableau ou Array : Les Tableaux** : étudie les tableaux à une Dimension ou vecteurs et les Matrices.

✎ **Chapitre 7—Types de Données Structurés** : s'occupe des types **Énumération**, **Intervalle**, **Ensemble** et **Chaîne de Caractères**. Il présente, également, de manière très détaillée, le type **Enregistrement ou Structure (Record)** qui correspond au plus haut niveau d'encapsulation, en programmation procédurale.

✎ **Chapitre 8—Sous-Programmes : Fonctions et Procédures** : concerne les sous-programmes : les fonctions et les procédures.

✎ **Chapitre 9—Le Type Fichier (File Handling)** : s'intéresse aux fichiers externes et présente leurs traitements usuels avec des exemples pratiques : plot de gaussien et séries de Fourier.

✎ **Chapitre 10—Programmation Impérative en C++ : 1ere Partie** : dispense au lecteur la base de la programmation impérative avec le langage C++. Il traite les thèmes suivants : types simples, types structurés de données, les opérateurs unaires d'incrémentation et de décrémentation, et les branchements : le Choix et la Condition.

✎ **Chapitre 11—Programmation Impérative en C++ : 2e Partie** : traite d'abord les boucles. Ensuite, il étudie l'implémentation des fonctions et des procédures. Après, il aborde l'utilisation des fichiers externes en C++.

À la fin de chaque chapitre, les références utilisées sont présentées dans une liste bibliographique.

Le **Tome 2** traite les Pointeurs, les Types Abstraits de Données : les Files, les Piles, les Arbres ; les Algorithmes de Tris et de Recherche.
Il traite également la Programmation Orientée-Objet avec C++ : les Classes et les Objets ; les Interfaces, le Pointeur **this** et la Surcharge de fonctions ; les Constructeurs et Destructeurs, les Amis et la Surcharge d'opérateurs ; l'Héritage, le Polymorphisme et les Templates.

Remerciements

Nos remerciements sont adressés à mon ami Cheikh Amet Diop, Expert Économiste à la Banque mondiale, qui a bien voulu lire ce livre, et avec sa belle plume, rehausser le style linguistique. Nous remercions également Mme Ndiaye Seynabou, Responsable Administrative de l'Institut des Ingénieurs en Informatique et Télécommunications I^3T, pour sa participation aux designs des images, ses suggestions et corrections grammaticales.
Nous remercions Professeur Serigne Amadou Ndiaye, Doyen de la Faculté des Sciences et Techniques (FST) de l'Université Cheikh Anta Diop de Dakar

(UCAD), ainsi que Professeur Cheikh Sène, Chef de département de physique. Ces remerciements vont aussi à l'endroit du personnel enseignant-chercheur et du personnel administratif et technique de la FST/UCAD, qui a subventionné cet ouvrage didactique et de recherche.
Nous sommes reconnaissant à tous ceux qui, de près ou de loin, nous ont aidé, encouragé, supporté dans la réalisation de cet ouvrage.

Dakar, le 23 octobre 2014 **Dr.-Ing. Gueye Serigne Bira**

Table des matières

Table des figures

Liste des tableaux

Chapitre 1

Présentation, Définitions

La programmation peut être considérée comme un dialogue entre l'homme et la machine. Elle consiste à donner des instructions, des commandes bien déterminées à la machine, à l'avance.
Dans ce chapitre, nous présenterons d'abord les systèmes de numération usuels, car l'ordinateur représente les données sous forme numérique. Ensuite, les niveaux de langage de programmation seront abordés. Enfin, les étapes permettant d'élaborer un très bon programme seront données.

1.1 Systèmes de Numération

L'ordinateur traite des données numériques. C'est pour cette raison que nous nous intéressons aux systèmes de numération. Aussi, le programme écrit en langage haut-niveau sera ramené, après compilation, en une succession de bits. Nous rappelons que le bit est la plus petite unité d'information. Il est soit **'0'**, soit **'1'**. Nous allons présenter brièvement les systèmes de numération décimal, binaire, octal et hexadécimal.

1.1.1 Système Décimal ou de Base 10

Le système décimal a pour base le nombre **10**. Ses chiffres sont : **0**, **1**, **2**, **3**, **4**, **5**, **6**, **7**, **8**, **9**. Tout nombre décimal peut s'écrire comme combinaison linéaire de puissances de **10** avec des chiffres comme coefficients de cette combinaison linéaire.
Exemple : $\mathbf{3475 = 3 \cdot 10^3 + 4 \cdot 10^2 + 7 \cdot 10^1 + 5 \cdot 10^0}$
Le nombre **3475** en base dix ($\mathbf{3475_{10}}$) est une somme de multiples de puissances de 10 : cinq unités, sept dizaines, quatre centaines et trois milliers.
Un nombre décimal peut être représenté de la manière suivante :

$$Nombre\_Décimal = \sum_i c_i \cdot \mathbf{10}^i \tag{1.1}$$

, où $c_i = 0, 1, 2, 3, 4, 5, 6, 7, 8, 9$.

1.1.2 Système de Base 2 ou Binaire

Le système de numération binaire ou de base 2 a les chiffres suivants : **0**, **1**. Un nombre décimal peut être écrit en base 2. Pour ce faire, il suffit de le mettre sous la forme d'une combinaison linéaire de puissances de **2** avec comme coefficients des chiffres binaires (0 ou 1) :

$$Nombre\_Décimal = \sum_{i=0}^{N} c_i \cdot \mathbf{2}^i \qquad (1.2)$$

, où $N \geq 0$ et $c_i = 0, 1$.
Le nombre binaire correspondant à *Nombre_Décimal* devient en base 2 la juxtaposition des coefficients de la combinaison linéaire de l'équation (1.2) : $c_N c_{N-1} ... c_i ... c_1 c_0$.
Considérons le nombre décimal de l'exemple précèdent : **3475** ($\mathbf{3475_{10}}$) et représentons le en base 2. Pour cela, on le met sous la forme d'une somme de multiples de puissances de 2, où ces multiples là sont des chiffres du système binaire (0 ou 1). On a : $\mathbf{3475 = 1 \cdot 2^{11} + 1 \cdot 2^{10} + 0 \cdot 2^9 + 1 \cdot 2^8 + 1 \cdot 2^7 + 0 \cdot 2^6 + 0 \cdot 2^5 + 1 \cdot 2^4 + 0 \cdot 2^3 + 0 \cdot 2^2 + 1 \cdot 2^1 + 1 \cdot 2^0}$.
On obtient son écriture en base 2, en juxtaposant les coefficients de cette combinaison linéaire :

$$\mathbf{3475_{10} = 110110010011_2}$$

bit et Byte

Le chiffre binaire est soit **0** soit **1**. Il constitue le plus petit composant d'un nombre binaire : c'est un bit (**binary digit**). Il peut être représenté sous forme de case :  pouvant prendre les valeurs suivantes : 

ou 

.

Un groupe de huit bits est un Byte (octet) : 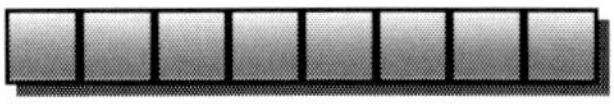

kilobit et kiloByte

Le préfixe kilo signifie mille (10^3) dans le système décimal. Son équivalent pour le système binaire est la puissance de deux qui lui est la plus proche : $1024 = 2^{10}$. Ainsi, un **kilobit** est égal à **1024 bits**. Un **kiloByte** (**kiloOctet**) est équivalent à 1024×8 bits soit **8192 bits**.

Megabit et MegaByte

Un **Megabit** est l'équivalent de 1024×1024 bits soit **1 048 576 bits**. un **MegaByte** est égal à **8 388 608 bits**

1.1.3 Système de Base 8 ou Octal

Le système de base huit (8) ou octal a pour chiffres : **0**, **1**, **2**, **3**, **4**, **5**, **6**, **7**. Pour avoir l'équivalent d'un nombre décimal dans le système octal, il suffit de l'écrire comme combinaison linéaire de puissances de **8** avec des coefficients pris parmi les chiffres du système de base 8 :

$$Nombre\_Décimal = \sum_{i=0}^{N} c_i \cdot \mathbf{8}^i \qquad (1.3)$$

, où $N \geq 0$ et $c_i = 0, 1, 2, 3, 4, 5, 6, 7$.
Le nombre octal correspondant à $Nombre\_Décimal$ devient en base 8 la juxtaposition des coefficients de la combinaison linéaire de (1.3) : $c_N c_{N-1} ... c_i ... c_1 c_0$.
Nous obtenons pour le même exemple pris plus haut :
$\mathbf{3475 = 6 \cdot 8^3 + 6 \cdot 8^2 + 2 \cdot 8^1 + 3 \cdot 8^0}$. On en déduit :

$$\mathbf{3475_{10} = 6623_8}$$

La correspondance octale-binaire peut aussi se faire. Pour cela, il suffit d'écrire cette correspondance pour chaque chiffre du système octal, sur trois bits.
Exemple : pour le nombre octal $\mathbf{6623_8}$, le chiffre octal **3** correspond à $\mathbf{011_2}$; le chiffre octal **2** est égal à $\mathbf{010_2}$ et le chiffre **6** équivaut à $\mathbf{110_2}$. Nous obtenons, donc :

$$\mathbf{6623_8 = 110110010011_2}$$

1.1.4 Système de Base 16 ou Hexadécimal

Les chiffres du système hexadécimal ou de base huit (16) sont les suivants : **0, 1, 2, 3, 4, 5, 6, 7, 8, 9, A, B, C, D, E, F**. On peut dire que A correspond à 10, B à 11, C à 12, D à 13, E à 14 et F à 15. Toutefois, il ne faut pas oublier que 10, 11, 12, 13, 14, 15 ne sont pas des chiffres dans le système décimal, mais plutôt des nombres. Un nombre décimal peut être représenté dans le système hexadécimal. Il suffit de l'écrire comme combinaison linéaire de puissances de **16** avec des coefficients pris parmi les chiffres du système de base 16 :

$$Nombre\_Décimal = \sum_{i=0}^{N} c_i \cdot \mathbf{16}^i \tag{1.4}$$

, où $N \geq 0$ et $c_i = 0, 1, 2, 3, 4, 5, 6, 7, 8, 9, A, B, C, D, E, F$.
Le nombre hexadécimal correspondant à $Nombre\_Décimal$ devient en base 16 la juxtaposition des coefficients de la combinaison linéaire de l'équation (1.4) : $c_N c_{N-1} ... c_i ... c_1 c_0$.
Nous obtenons pour le même exemple pris plus haut :
$\mathbf{3475 = 13 \cdot 16^2 + 9 \cdot 16^1 + 3 \cdot 16^0}$. Donc on a :

$$\mathbf{3475_{10} = D93_{16}}$$

La correspondance hexadécimale-binaire se fait en écrivant chaque chiffre du nombre hexadécimal dans le système binaire, sur quatre (4) bits.
Exemple : 3 correspond à 0011, 9 équivaut à 1001 et D est égal à 1101. Ainsi, en juxtaposant les chiffres, et leur équivalent, on obtient :

$$\mathbf{D93_{16} = 110110010011_2}$$

1.1.5 Tableau Récapitulatif

Le tableau 1.1 est une récapitulation pour la conversion d'un système de numération vers un autre.

Décimal	Binaire	Octal	Hexadécimal
1	0001	01	1
2	0010	02	2
3	0011	03	3
4	0100	04	4
5	0101	05	5
6	0110	06	6
7	0111	07	7
8	1000	10	8
9	1001	11	9
10	1010	12	A
11	1011	13	B
12	1100	14	C
13	1101	15	D
14	1110	16	E
15	1111	17	F

TABLE 1.1 – Tableau de Conversion : Base 10, 2, 8, 16

1.2 Niveaux de Langages de Programmation

1.2.1 Langage-Machine

Le langage-machine ou code machine est un ensemble d'instructions exécutées directement par le processeur ou l'unité centrale de traitement (CPU) d'un ordinateur. Un programme, en langage-machine est une succession de bits, par exemple **10110000 01100001**.

1.2.2 Langage d'assemblage, Assembleur (Assembler)

Il est proche du langage-machine et associe à un groupe de bits des instructions précises. Par exemple, la suite précédente de bits signifie, le déplacement (chargement) de la valeur décimale 97 dans le registre AL d'un processeur de la famille x86/IA-32. En effet 10110000 signifie **MOV AL** et le nombre décimal 97 est 01100001 en binaire, il est aussi équivalent au nombre hexadécimal 61.

10110000 01100001
MOV AL 61h

1.2.3 Langage Haut-Niveau, Langage Évolué (High Level Programming Language)

Le langage Haut-Niveau est un langage compréhensible par l'homme. Il est proche de notre langage avec des caractéristiques comme un lexique, une syntaxe, une sémantique et une pragmatique. Le Lexique est l'ensemble des mots-clés qui forment le vocabulaire du langage. Sa Syntaxe est sa grammaire (et son orthographe). La Sémantique est le sens d'une ou plusieurs d'instructions. La Pragmatique, quant à elle est la lisibilité, l'utilité du langage et sa capacité à être appris facilement.

1.2.4 Récapitulation

Le schéma de la figure 1.1 illustre les niveaux de langages :

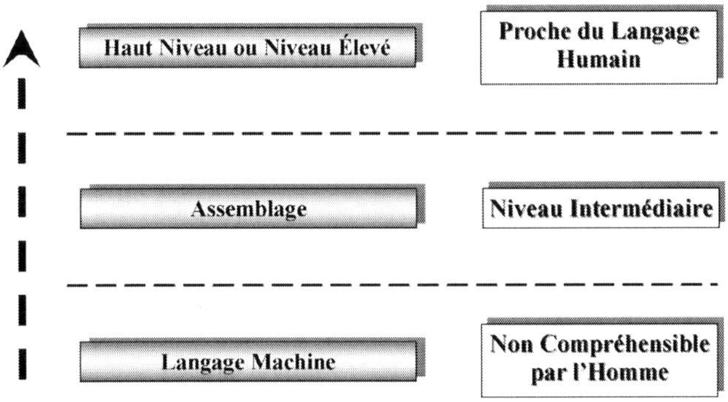

FIGURE 1.1 – Niveaux de Langages

1.2.5 Exemples de Langages Haut-Niveau

Les langages de programmation Haut-Niveau sont nombreux. Nous avons, parmi les plus célèbres d'entre-eux :
PASCAL
ALGOL : **ALGO**rithmic **L**anguage
BASIC : **B**eginner **A**ll purpose **S**ymbolic **I**nstruction **C**ode
LISP : **LIS**t **P**rocessor
COBOL : **CO**mmon **B**usiness **O**riented **L**anguage
FORTRAN : **FOR**mula **TRAN**slator
C, **C++**
JAVA
ADA, etc.

1.3 Étapes de la Programmation

La programmation est une technique, un processus qui suit des étapes bien précises.

1.3.1 ❒ Quel est le Problème Posé ?

Il faut bien connaître le problème posé pour éviter de faire hors-sujet. Également, il est très important de déterminer le but du problème.

1.3.2 ❒ Construction d'un modèle

Ensuite, un modèle de notre problème est conçu pour l'ordinateur. Par exemple, si c'est une moyenne de notes de classe qu'on doit calculer, dans le modèle, ces notes seront considérées comme des variables réelles, de même que la moyenne.
À cette étape, les informations utiles et disponibles seront collectées pour atteindre le but fixé.

1.3.3 ❒ Spécification

Dans cette partie, on va déterminer les données d'entrée et les données de sortie : leur format, leur nombre, leur type et leur nature. Aussi, des mesures seront établies, tendant à rendre le futur programme *amical*, facile à utiliser.

1.3.4 ❒ Algorithme

Le point important qui mérite d'être souligné est que l'algorithmique est une étape de la programmation. Cette phase consiste à établir une suite logique, claire, cohérente et finie des commandes qui seront exécutées l'une après l'autre. L'algorithme peut être présenté sous plusieurs formes : pseudo-code, graphique, diagramme de flux ou Structogramme.

Remarque :

L'algorithmique est la technique, la science d'élaboration de méthodes de résolution de problèmes, c'est l'art de concevoir des algorithmes. Un algorithme est une suite d'opérations permettant de résoudre un problème. Le mot *algorithme* vient du nom du mathématicien, astronome, géographe, perse : Al-Khwarizmiy (environ 783-850).
Un algorithme doit pouvoir être écrit dans un texte fini. Chacune de ses étapes doit pouvoir être exécutée. Aussi, il doit aboutir après un nombre fini d'étapes ; et les mêmes données d'entrée donnent les mêmes données de sortie.

1.3.5 ❒ Codage dans le Langage Choisi

À cette étape, l'algorithme est codé, écrit dans le langage de programmation choisi : on obtient ainsi un fichier appelé code source. Ce fichier a le format suivant : *Nom du Programme* avec une extension correspondant au langage (**NomDuProgramme.pas**...).

1.3.6 ❒ Compilation et Corrections des Erreurs de Syntaxe

Le code source doit obéir à la grammaire du langage et toutes les erreurs de syntaxe doivent être corrigées. Ainsi, le compilateur pourra traduire le code source en langage machine compréhensible par l'ordinateur et on obtient un fichier code-objet (NomDuProgramme.o)

1.3.7 ❒ Exécution et Tests

Un programme n'a pas de fautes de syntaxe ne veut pas dire qu'il est dépourvu d'erreurs. Car à coté des *syntax-errors*, il y a des *run-time-errors* : des erreurs au cours de l'exécution. Par exemple, lorsque dans le programme une division par zéro est effectuée. De même, le programme doit être testé, de préférence avec des valeurs critiques. Ceci permettra de voir s'il fonctionne correctement, s'il est robuste et stable, et surtout s'il résout le problème.

1.3.8 ❒ Documentation

Dans cette dernière étape, on présente le listing du code source qui marche. Également, des captures d'écran de l'environnement d'exécution peuvent être montrées. En outre, des descriptions des sous-programmes utilisés peuvent être jointes, avec des diagrammes de flux ou structogrammes.

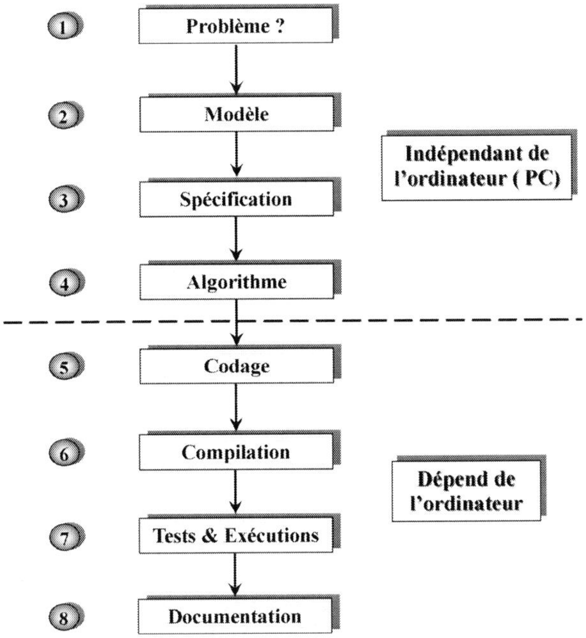

FIGURE 1.2 – Étapes de la Programmation

Récapitulation

La figure 1.2 est une représentation récapitulative des étapes de la programmation. On y distingue deux parties :

— Une partie supérieure indépendante de l'ordinateur (Étapes 1-4).
— Une partie inférieure qui dépend de l'ordinateur (Étapes 5-8).

1.4 Exercices

1. Donner la définition de bit, kbit, Mbit, Gbit.

2. Convertir le nombre décimal 1432 en binaire, en octal et en hexadécimal.

3. À quoi équivaut 1010111011_2 dans le système décimal, le système hexadécimal et le système octal ?

4. À quoi équivaut 647213_8 dans le système décimal, le système hexadécimal et le système binaire.

5. À quoi équivaut $2C8A0F_{16}$ dans le système décimal, le système binaire et le système octal ?

6. À quoi équivaut $DECAF_{16}$ dans le système décimal, le système binaire et le système octal ?

7. Qui est Al-Khwarizmiy ?

8. Qui est Niklaus Wirth ?

9. Qui est Bjarne Stroustrup ?

10. Qui sont Brian Wilson Kernighan et Dennis MacAlistar Ritchie ?

Bibliographie

[1] Niklaus Wirth : "**Algorithms and Data Structures**", Prentice Hall, 1986, ISBN 0-13-022005-1.

[2] Henning Mittelbach : "**Programmierkurs TURBO-PASCAL Version 7.0**", Stuttgart : Teubner, 1995, ISBN 3-519-02986-3.

[3] Susan M. Merritt, Allen Stix : "**Migrating from Pascal to C++**", Springer-Verlag New York Berlin Heidelberg SPIN 10533267, ISBN 0-387-94730-2.

[4] Bjarne Stroustrup : " **The C++ Programming Language**", Third Edition, Addison-Wesley, 1997, ISBN 10 : 0321563840, ISBN 13 : 9780321563842.

[5] Wilfried Gawehn : " **ANSI C - Turbo C : Eine vollständige Einführung einschliesslich der Turbo C-Grafik und der C-Bibliothek**", B.I. Wissenschaftsverlag, Mannheim, Wien, Zürich, 1989, ISBN 3-411-14211-1.

[6] Hans Loeper, Antje Dziolloß : "**Grundelemente der Programmierung**", Akademie Verlag GmbH, Berlin, 1992, ISBN 3-05-501427-8.

[7] Brian W. Kernighan, Dennis M. Ritchie : "**The C Programming Language : ANSI C Version (2nd Edition)**", Prentice Hall PTR, Upper Sadddle River, New Jersey, 1988, ISBN 10 : 0131103709, ISBN 13 : 9780131103627.

[8] http ://en.wikipedia.org/wiki/History_of_programming_languages

[9] http ://de.wikipedia.org/wiki/Al-Chwarizmi

Chapitre 2

Notions de Base, Premier Algorithme, Premier Programme

Dans ce chapitre, un problème simple est analysé et le code correspondant est écrit, permettant d'introduire les notions de base de la programmation.

2.1 Structure d'un Algorithme, Structure d'un Programme

Intéressons nous au cercle et écrivons un algorithme qui permet de calculer, puis d'afficher son périmètre et sa surface.

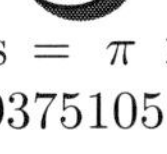

Analyse :

On a le pourtour p : $p = 2 \times \pi \times \text{rayon}$ et la surface s : $s = \pi \times \text{rayon}^2$

$\pi = 3,14159265358979323846264338327950288419716939937510582097494...$

Algorithme :

```
Programme Cercle
Constantes
   PI = 3.14
Variables
   r : réel
   p : réel
   s : réel
Début
   r := 1
   p := 2*PI*r
   s := PI*r*r
   Afficher(p)
   Afficher(s)
Fin
```

Code Source en *Pascal* :

```
Program Cercle;
Const
   PI = 3.14;
Var
   r : real;
   p : real;
   s : real;
Begin
   r := 1;
   p := 2*PI*r;
   s := PI*r*r;
   Write(p);
   Write(s);
End.
```

L'algorithme et le code source ainsi décrits ont une forme, une structure. Nous y distinguons trois (3) parties :

(1) : TÊTE DU PROGRAMME
(2) : NÉGOCIATION, ENTENTE
(3) : CORPS DU PROGRAMME

(1) : La première partie est la tête du programme. Elle est introduite par le mot-clé *Programme*, suivi du nom du programme. Il peut y être ajoutés des paramètres d'entrée et de sortie.
(2) : La deuxième partie est une *partie de négociations*, d'entente : de définition des constantes et de déclaration des variables.
Remarque :
On remarque que les données ont un type. Le rayon r est de type réel et la constante PI est aussi un réel.
(3) : La troisième partie est le *corps du programme*, c'est le *programme principal* (main program) : la partie des instructions.

2.2 Entrée et Sortie des Données (input, output)

2.2.1 Entrée des Données (input), Lecture des Données

L'entrée de données, par défaut, se fait à l'aide du clavier. (Il constitue le standard input). Avec la commande :
Lire(...paramètres...), exemple : **Lire(r)** ou
Saisir(...paramètres...), exemple : **Saisir(r)** ou en anglais
Read(...paramètres...) ;
l'ordinateur lit la donnée saisie au clavier. Par exemple, avec l'instruction **Lire**(r), à l'exécution, si on saisit 2.5 au clavier, cela signifie que la valeur de r est 2.5.
La lecture de plusieurs paramètres peut être faite en même temps en les séparant par des virgules ; et lors de l'exécution, ces paramètres seront séparés en tapant sur la touche entrée (Enter) du clavier.

2.2.2 Lecture Interactive

La lecture interactive est le fait de saisir un paramètre **sous forme de dialogue**. Un message est affiché avant la lecture du paramètre. Par exemple, pour lire le rayon du cercle, on fait précéder la commande **Lire**(r) d'une instruction d'affichage d'un message adéquat :
Afficher('Donnez le rayon r svp')
Lire(r)

Cette forme de lecture est très bénéfique, car elle rend l'exécution lisible et confortable. L'utilisateur sait ce qu'il doit donner avec le clavier.
Un programme interactif est souhaitable, pour beaucoup d'applications.

2.2.3 Sortie des Données (output), Écriture des Données

La sortie de données, par défaut, se fait à l'aide de l'écran. (Il constitue le standard output) ; avec les commandes :
Écrire(...paramètres...), exemple : **Écrire(p)** ou
Afficher(...paramètres...), exemple : **Afficher**(p_1, p_2,**...)** ou en anglais
Write(...paramètres...) .
Par exemple, lorsque l'instruction **Écrire(s)** est donnée, le programme affiche à l'écran la valeur de s.

2.2.4 Readln, Writeln

À côté des commandes **Lire**() (**Read**()) et **Écrire**() (**Write**()), il existe les commandes *lire et aller à la ligne* (**Readln**()) et *écrire et aller à la ligne* (**Writeln**()). Cependant, nous allons les traduire en français par Saisir() et Afficher(), respectivement.

2.3 Constantes, Variables, Identifiants, Affectations, Commentaires

2.3.1 Constantes

Une constante est définie. Le terme utilisé est **la définition d'une constante**. Dans la deuxième ligne de notre programme *Cercle*, nous avons défini la constante nommée **PI** (**PI=3.14**). Sa valeur est connue dès sa définition et ne change plus. Un style très répandu de programmation est d'écrire les constantes en lettres capitales. Mais ce n'est pas une obligation.

2.3.2 Variables

Une variable quant à elle est déclarée. On parle de **déclaration d'une variable**. La ligne :
r : réel
est la déclaration de la variable réelle r. De la place en mémoire lui sera réservée, c'est celle qui est prévue pour les réels. Mais à sa déclaration, la valeur de r n'est pas connue.
Remarque :
La définition des constantes précède la déclaration des variables.
Initialisation :
La déclaration d'une variable peut être considérée comme une réservation de place en mémoire. Car à la déclaration d'une variable d'un type donné, l'ordinateur lui réserve la place prévue, le nombre de bits prévus, pour une variable de ce type. La question intéressante que l'on peut se poser est : à quoi est

égale la variable juste après sa déclaration, avant qu'on lui affecte une valeur ou une expression ? Certains compilateurs comme $Free - Pascal - Compiler$ initialisent sa valeur à zéro ; mais d'autres comme $g++$ l'initialisent à une valeur quelconque. Donc, le programmeur doit être prudent pour ce qui concerne l'initialisation. Il doit prendre ses précautions et initialiser ses variables lui-même. Ainsi, il évitera une initialisation inadéquate et imprévue de la part du compilateur.

2.3.3 Identifiant (Identifier)

Les constantes, les variables et le programme lui-même ont des noms, des identifiants permettant de les identifier, de les désigner. Exemple : l'identifiant du rayon est r et celui du périmètre p, le nom du programme est $Cercle$. De manière générale, les identifiants sont des successions (des chaînes) de caractères alphanumériques (lettres et chiffres). La longueur de cette chaîne dépend du langage de programmation et peut dépasser soixante caractères. Seulement, il y a des règles à respecter pour le choix de ce dernier :

- L'identifiant ne commence pas par un chiffre et il faut éviter d'utiliser les caractères spéciaux comme *, ? , $, &, =, etc. Mais le caractère underscore _ ('tiret de 8') est autorisé en première position d'un identifiant.
- Certains langages de programmation font la différence entre majuscules et minuscules. On dit que ces langages sont *case-sensitive*. C'est le cas de C, C++, et Java. Alors que *Fortran* et *Pascal* sont *case-insensitive*. En *Pascal*, les identifiants r et R sont équivalents, alors qu'ils sont différents en *C* et *C++*.
- L'identifiant d'une donnée doit renvoyer à cette dernière. Par exemple, il est adéquat de prendre r ou $rayon$ comme identifiant du rayon d'un cercle. Alors qu'il est inadéquat de choisir t ou n comme rayon.
- Un groupe de mots n'est pas permis comme identifiant. Par exemple, $Mon\ Cercle$ est interdit comme identifiant. Par contre $MonCercle$ peut être choisi comme identifiant.

Le bon choix des identifiants facilite, augmente la lisibilité, la clarté du programme.

2.3.4 Affectation (Assignment)

Dans le programme principal, une valeur ou une expression peut être affectée à une variable. Les signes suivants sont utilisés pour l'affectation $:=$ ou $\leftarrow$. L'instruction $r := 2 * PI * r$ consiste à affecter à r l'expression $2 * PI * r$. Elle est équivalente à $r \leftarrow 2 * PI * r$.

Remarque :

L'affectation n'est pas une égalité ($:= \neq =$). L'instruction suivante est correcte : $p := p + 1$, alors que dans le cas de l'égalité, elle n'est pas valable : $p \neq p + 1$. Avec l'instruction $p := p + 1$, on affecte à p une nouvelle valeur qui est égale à l'ancienne valeur de p plus 1. Donc ici, le p à gauche du signe d'affectation n'est pas égal au p à droite.

2.3.5 Commentaires

Le programme *Cercle* ne donne pas d'informations à un autre programmeur qui aimerait bien l'utiliser et, pourquoi pas, le développer à d'autres fins. Son auteur peut l'améliorer en y insérant des commentaires.
Le commentaire sert à expliquer à l'utilisateur du code source, ce qui est en train d'être traité. Il est ignoré lors de l'exécution.
À chaque fois qu'il est bénéfique d'aider l'utilisateur du code à mieux comprendre ce qui est fait, des commentaires utiles pourront être insérés.
Les commentaires sont inclus entre les signes **{ }** ; (* *) ; /* */ ou introduits par les signes %, **!**, //, **;**, etc. Ces signes de commentaires dépendent des langages de programmation et des conventions utilisées.
Un bon style de programmation pourrait correspondre à donner le nom de l'auteur, la date et ce que traite le programme. Aussi, à chaque fois que des structures ou traitements particuliers sont effectués, des commentaires pourront être insérés. Cela permettra à un autre programmeur d'utiliser confortablement le code ou de l'améliorer, en y créant de nouvelles fonctionnalités.
Nous conseillons de retenir la règle suivante :
UN PROGRAMME SANS COMMENTAIRE N'EST PAS UN BON PROGRAMME.

2.4 Présentation d'un Algorithme

Nous distinguons trois (3) méthodes de présentation d'un algorithme :

2.4.1 Pseudo-Langage

C'est le langage vu précédemment, sous la forme d'un langage haut niveau. Il doit être clair, concis, précis et compréhensible. Il ressemble à un langage évolué mais n'en est pas un. Il a la même structure avec les mots-clés : **Programme**, **Constante**, **Variables**, **Début**, **Fin**, etc.

2.4.2 Diagramme de Nassi-Shneiderman (NSD) ou Structogramme

Le structogramme est un diagramme qui permet de représenter un programme. Il a été inventé par Isaac Nassi et Ben Shneiderman en 1972/73. Il est très pratique pour la programmation impérative. Il donne une représentation très élégante et claire de la structure du programme.
Le NSD traite toutes les parties du programme. Il suit des règles très strictes et précises.
Dans cet ouvrage, nous allons, progressivement, présenter la technique d'emploi de ce magnifique outil.
La figure 2.1 est le structogramme de notre programme *Cercle*.

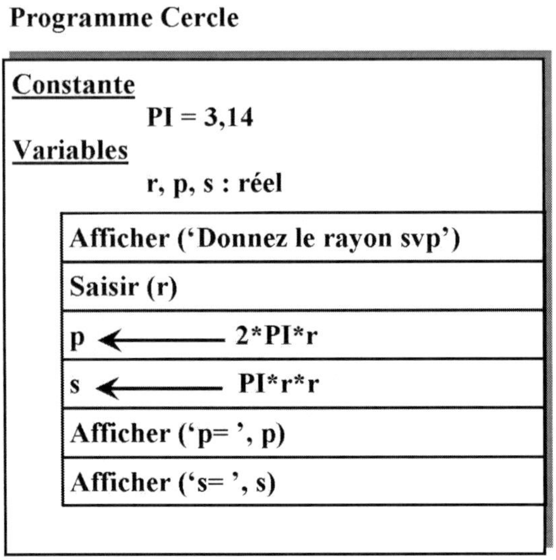

FIGURE 2.1 – Structogramme du Programme *Cercle*

2.4.3 Diagramme de Flux

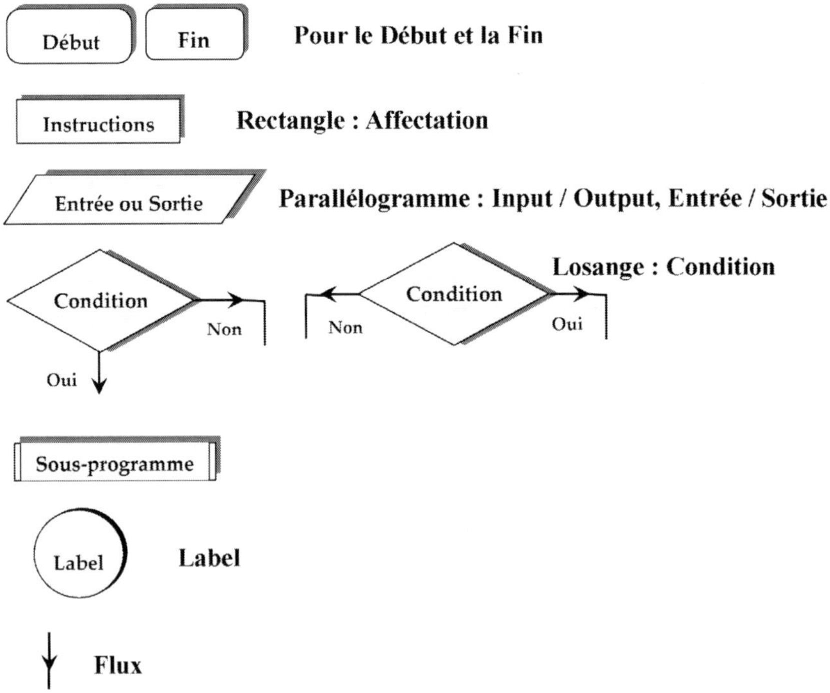

FIGURE 2.2 – Diagramme de Flux

Il donne le flux des instructions du programme principal. Il peut être construit à l'aide des figures géométriques de base suivantes correspondant à chaque instruction.

La figure 2.2 montre les conventions utilisées pour représenter un diagramme de flux :

- Un rectangle aux coins arrondis est réservé pour *Début* et *Fin*
- Un rectangle simple est pour l'affectation
- Le parallélogramme est mis pour la lecture et l'écriture des données : entrée/sortie, input/output
- Le losange est pour la condition
- Un cercle pour un label
- Une flèche qui indique le flux

Le diagramme de flux traite le flux d'instructions du programme principal. Il ne s'occupe pas de la partie négociation.
Au fur et à mesure de notre progression, nous allons présenter le flux d'instructions des structures algorithmiques.

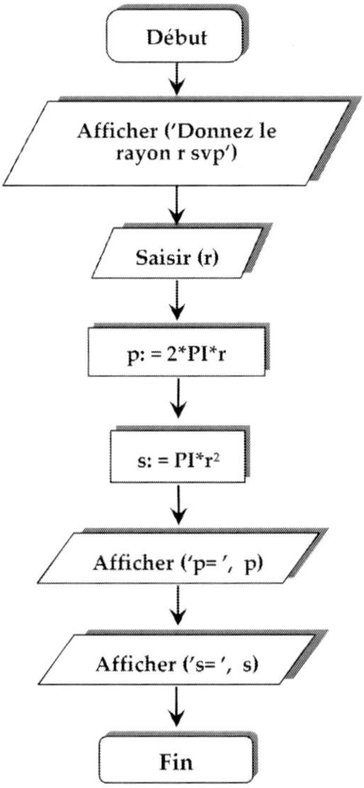

FIGURE 2.3 – Diagramme de Flux du Programme *Cercle*

Pour notre programme *Cercle*, nous pouvons recenser les figures géométriques qui nous permettent de représenter son diagramme de flux.
Nous avons besoin de deux rectangles aux côtés arrondis pour marquer le début du programme et sa fin. Nous avons également besoin de losanges pour la lec-

ture interactive du rayon et l'affichage du périmètre et de la surface du cercle. Nous obtenons le diagramme de flux de la figure 2.3 :

2.5 Exercices

1. Écrire un programme en *Pascal* qui lit de manière interactive le rayon et la hauteur d'un cylindre, puis calcule et affiche sa surface et son volume.
2. Écrire un algorithme d'un programme qui lit de manière interactive les arêtes a, b et c d'un parallélépipède rectangle, puis calcule et affiche sa surface et son volume. Faire le structogramme et le diagramme de flux de ce programme.
3. On considère la figure ci-dessous. Écrire un programme en *Pascal* qui lit le rayon r, calcule et affiche sa circonférence et sa surface.

4. Durant le premier semestre, Ousmane a composé dans les matières suivantes : Physique (coefficient 6), Algorithmique & programmation (coefficient 5) et Mathématiques (coefficient 7). Écrire un programme en *Pascal* qui lit de manière interactive les notes d'Ousmane dans ces matières là ; puis calcule et affiche sa moyenne semestrielle. Faire le NSD et le diagramme de flux de ce programme.

Bibliographie

[1] Niklaus Wirth : "**Algorithms and Data Structures**", Prentice Hall, 1986, ISBN 0-13-022005-1.

[2] Henning Mittelbach : "**Programmierkurs TURBO-PASCAL Version 7.0**", Stuttgart : Teubner, 1995, ISBN 3-519-02986-3.

[3] Susan M. Merritt, Allen Stix : "**Migrating from Pascal to C++**", Springer-Verlag New York Berlin Heidelberg SPIN 10533267, ISBN 0-387-94730-2.

[4] Bjarne Stroustrup : " **The C++ Programming Language**", Third Edition, Addison-Wesley, 1997, ISBN 10 : 0321563840, ISBN 13 : 9780321563842.

[5] Wilfried Gawehn : " **ANSI C - Turbo C : Eine vollständige Einführung einschliesslich der Turbo C-Grafik und der C-Bibliothek**", B.I. Wissenschaftsverlag, Mannheim, Wien, Zürich, 1989, ISBN 3-411-14211-1.

[6] Hans Loeper, Antje Dziolloß : "**Grundelemente der Programmierung**", Akademie Verlag GmbH, Berlin, 1992, ISBN 3-05-501427-8.

[7] Brian W. Kernighan, Dennis M. Ritchie : "**The C Programming Language : ANSI C Version (2nd Edition)**", Prentice Hall PTR, Upper Sadddle River, New Jersey, 1988, ISBN 10 : 0131103709, ISBN 13 : 9780131103627.

[8] http ://de.wikipedia.org/wiki/Nassi-Shneiderman-Diagramm

Chapitre 3

Types Élémentaires de Données, Types de Base, Types Primitifs

Les Types Élémentaires de Données ou Types de Base sont :
— **Entier** (**Integer**)
— **Réel** (**Real**)
— **Booléen** (**Boolean**)
— **Caractère** (**Character**)

3.1 Le Type Entier (integer)

À priori, ici, un entier (integer) est un élément de l'ensemble des entiers relatifs $\mathbb{Z}$. Exemple : -123, 2890, 2012, +987654321, sont de type entier : ils sont des entiers. Donc, nous considérons des entiers avec un signe (+ ou -) : nous avons des entiers signés (signed integer).
La place en mémoire nécessaire pour enregistrer un entier varie selon les langages de programmation et les compilateurs. En Turbo *Pascal*, par exemple, seize (N=16) bits sont réservés à un entier (integer). Avec ce nombre de bits, nous pouvons représenter 2^{16} nombres entiers signés appartenant à l'intervalle $\left[-2^{N-1}, +2^{N-1}-1\right]$, qui correspond à $[-2^{15}, +2^{15}-1]$ c'est-à-dire : $[-32768, +32767]$.

3.1.1 Catégories d'Entiers

En mathématiques, il existe deux types d'entiers : entiers naturels et entiers relatifs. En programmation aussi, les langages font une catégorisation des entiers. Selon le domaine d'application, le programmeur peut choisir le type d'entier qui lui convient :

— **Short Integer** (*Entier de Longueur Courte (en bits)*) : ils sont dans l'intervalle $[-2^7, +2^7-1]$, c'est-à-dire $[-128, 127]$. À une variable de type short, huit (8) bits sont alloués.
— **Long Integer** (*Entier de Grande Longueur*) : Trente Deux (32) bits leur sont alloués. Ils appartiennent à l'intervalle $[-2^{31}, +2^{31}-1]$, qui correspond à $[-2147483648, +2147483647]$
— **Unsigned Integer** (*entier non signé, sans signe*) : Ils sont compris entre 0 et $2^N - 1$ ($[0 .. 2^N - 1]$) et sont positifs ou nuls.
— **Byte** (*Octet*) : Ce type correspond à huit (8) bits. un Byte appartient à l'intervalle $[0, 255]$ soit $[0, 2^8 - 1]$.
— **Word** (*Mot*) : Seize (16) bits (32 pour certaines architectures) leur sont réservés. Ils appartiennent à l'intervalle $[0, 2^{16} - 1]$ ($[0, 65535]$).

N.B. :
Il existe une commande pour connaître le nombre de bits alloués à une donnée d'un type donné : c'est la commande **sizeof**(). Pour une variable x, sizeof(x) donne la taille de la donnée x en Bytes. On pourrait traduire *sizeof*, en français, par *Taille de*.

3.1.2 Opérateurs pour les Entiers

Opérateur	**Opération**
*	**Multiplication**
/	**Division**
+	**Addition**
-	**Soustraction**
Div	**Division Entière**
Mod	**Reste de la Division Entière**

TABLE 3.1 – Opérateurs d'Entiers

Le tableau 3.1 donne quelques opérateurs pour les entiers. Ils suivent un ordre de priorité : La Multiplication est prioritaire devant la division. Cela signifie que la multiplication sera effectuée avant la division (8 :2∗4 = 20).

Exemples d'Opérations :
$3 * 4 = 12$; $4 / 2 = 2$; $5/2 = 2.5$; $5 + 2 = 7$; 5 - 2 = 3 ; 5 **div** 2 = 2 ;
5 **mod** 2 = 1 ;
Il y a, naturellement, d'autres opérateurs pour les entiers. Nous en citerons, plus loin.

3.2 Le Type Booléen (boolean)

3.2.1 Définition

Une expression booléenne est une expression logique. Elle est soit vraie, soit fausse. Une variable de type booléenne est une donnée qui peut prendre une des deux valeurs de vérité *vrai (true)* et *faux (false)*. On peut déclarer la variable

logique *LeLionEstUnAnimal* et lui affecter plus tard une valeur :
LeLionEstUnAnimal : booléen
....
LeLionEstUnAnimal := vrai
Le terme *booléen* provient du nom du mathématicien et philosophe britannique **George Boole (1815-1864)** qui est le fondateur de la logique moderne (Algèbre de Boole).

3.2.2 Opérateurs Logiques

Nous allons considérer des variables booléennes A, B et C qui peuvent prendre les valeurs *vrai* **(1)** ou *faux* **(0)** .

Négation, NON Logique (NOT)

A étant une variable logique, la négation de A, **NON A** , (notée : NOT A, $\overline{\mathrm{A}}$, !A, $\neg$ A) est l'expression booléenne qui est vraie si et seulement si A est faux. Cet opérateur a, entre autres propriétés :
$\overline{\overline{\mathrm{A}}} = \mathrm{A}\,;\, \overline{0} = 1\,;\, \overline{1} = 0.$

OU logique (OR)

L'expression logique **(A OU B)** est la donnée booléenne qui est vraie si et seulement si l'une des deux expressions, A ou B, au moins, est vraie. Cet opérateur est, aussi, noté : **OU**, **OR**, **+**, $\vee$. Il a des propriétés comme :
$A + B = B + A\,;\, A + \overline{A} = 1\,;\, A + 0 = A\,;\, A + (B + C) = (A + B) + C$

ET Logique (AND)

L'expression logique **(A ET B)** est la donnée booléenne qui est vraie si et seulement si les deux expressions A et B sont vraies, toutes les deux. Cet opérateur est, aussi, noté : **ET**, **AND**, $\cdot$, $\wedge$. Il a des propriétés comme :
$A \cdot B = B \cdot A\,;\, A \cdot \overline{A} = 0\,;\, A \cdot 0 = 0\,;\, A \cdot (B \cdot C) = (A \cdot B) \cdot C$

OU-Exclusif (XOR)

(A OU-Exclusif B) est l'expression booléenne qui est vraie si et seulement si une et une seule des deux expressions A et B est vraie. Cet opérateur est aussi noté : OUEX, XOR, $\oplus$. Et on a :
$A \oplus B = (A + B) \cdot \overline{(A \cdot B)}$

Tableau Récapitulatif des Opérateurs, Lois de De Morgan

Le tableau 3.2 récapitule les opérateurs logiques.
Nous avons aussi, pour les données booléennes, les lois de De Morgan :
$\overline{(A + B)} = \overline{A} \cdot \overline{B}$, aussi, $\overline{(A \cdot B)} = \overline{A} + \overline{B}$.

A	B	$\overline{A}$	$\overline{B}$	$A+B$	$A \cdot B$	$A \oplus B$	$\overline{A+B}$	$\overline{A \cdot B}$
0	0	1	1	0	0	0	1	1
0	1	1	0	1	0	1	0	1
1	0	0	1	1	0	1	0	1
1	1	0	0	1	1	0	0	0

TABLE 3.2 – Opérateurs Logiques

3.3 Le Type Réel (real)

3.3.1 Définition

L'ensemble des réels représentables par l'ordinateur est un sous-ensemble de $\mathbb{R}$. Exemple : -123, 2890, 2012, +987654321.
Une donnée finie de type réel peut se mettre sous la forme suivante :

$$Nombre\_Réel = Signe \times Mantisse \times Base^{Exposant} \tag{3.1}$$

Exemple : -1.3410^{-3}, -0.8910^{6}, -0.52^{7}. Nous avons avec ce format, une représentation en virgule flottante. Considérons la norme IEEE 754 en simple precision qui réserve 32 bits pour enregistrer un réel en mémoire. Huit bits (8) sont dédiés à l'exposant, vingt-trois (23) à la mantisse, avec un (1) bit de signe ; et la base est 2.

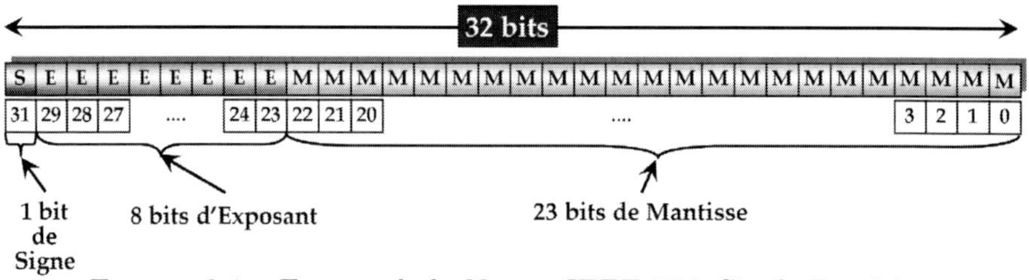

FIGURE 3.1 – Format de la Norme IEEE 754, Single Precision.

Pour ce standard, la mantisse est normalisée, au lieu de $Mantisse$, il faut prendre $(\mathbf{1}, \mathbf{Mantisse})$ en binaire ; et l'exposant est décalé de 127. Donc l'exposant devient $Exposant - 127$.
Prenons l'exemple simple de la figure 3.2 :

FIGURE 3.2 – Norme IEEE 754, Single Precision, Exemple.

$\underline{0_2}$ $\underline{10010000_2}$ $\underline{00110010000000000000000_2}$
Sa valeur en binaire est $+1,1953125_2 \times 2^{144-127}$. Ce qui est équivalent au nombre décimal $+156672.0$.
Le format single precision permet d'enregistrer un nombre décimal avec 7 à 8 positions après la virgule sans perte de précision. En valeur absolue, le plus petit nombre qu'il peut représenter est $2^{-127} = 5,877 \times 10^{-39}$. Le plus grand nombre réel qu'il peut représenter est : $(1 - 2^{-24}) \times 2^{128} \approx 3,403 \times 10^{38}$. Avec ce format, la distance relative entre deux réels consécutifs est supérieure à $\epsilon = 2^{-(23+1)} \approx 5,960 \times 10^{-8}$ et inférieure à $2\,\epsilon$.
À côté de la précision simple, il y a aussi le format IEEE 754 Double-Precision : la précision double. Le format double precision permet d'enregistrer un nombre

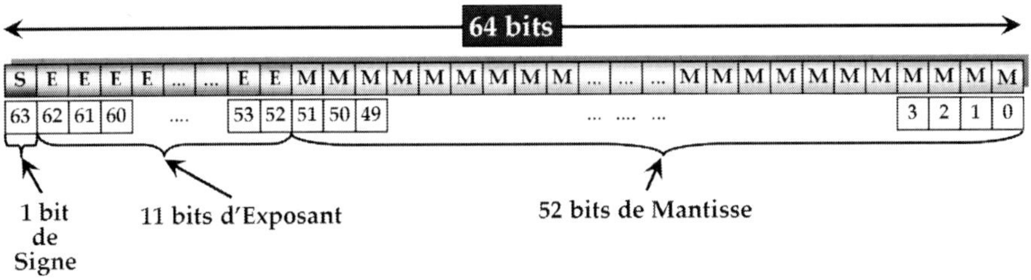

FIGURE 3.3 – Norme IEEE 754, Double Precision.

décimal avec 15 à 16 positions après la virgule sans perte de précision. En valeur absolue, le plus petit nombre représentable est $2^{-1023} = 1,1125 \times 10^{-308}$. Le plus grand nombre réel représentable est : $(1 - 2^{-53}) \times 2^{1024} \approx 1,798 \times 10^{308}$. Pour ce format, la distance relative entre deux réels consécutifs est supérieure à $\epsilon = 2^{-(52+1)} \approx 1,110 \times 10^{-16}$ et inférieure à $2\,\epsilon$.

3.3.2 Opérateurs pour les Réels

En plus des opérateurs $*, /, +, -$, nous avons aussi des opérateurs de comparaison. Ces opérateurs de comparaison sont valables aussi pour les entiers, ils sont donnés dans le tableau 3.3.

Opérateur	Opération
=, ==	**Égalité**
$\neq$, ! =, <>	**Différent de**
$\leq$, (<=)	**Inférieur ou Égal**
<	**Inférieur**
$\geq$, (>=)	**Supérieur ou Égal**
>	**Supérieur**

TABLE 3.3 – Opérateurs de Réels

3.4 Le Type Caractère (character)

3.4.1 Définition

Un caractère est un signe. En langage de programmation, un caractère est un symbole alphanumérique. Nous considérons les caractères du code **ASCII** (**A**merican **S**tandard **C**ode for **I**nformation **I**nterchange). Le code ASCII est composé de caractères alphanumériques et de caractères de commande ; ordonnés et chacun d'eux est stocké sur 7 bits. En tout, cela fait 128 caractères, numérotés de 0 à 127 (en bits 0000000 - 1111111). Les trente-trois premiers caractères (0-32) sont des caractères de commande, de même que le dernier caractère (127). Des extensions de ce code existent, représentant les caractères sur huit (8) bits, incluant des caractères spéciaux (accents, etc.).

3.4.2 Opérateurs pour les Caractères

Intéressons nous aux caractères :
'0', '1', '2', '3', '4', ...,'8', '9'
'A', 'B', 'C', 'D', 'E', ...,'Y', 'Z'
'a', 'b', 'c', 'd', 'e', ...,'y', 'z'
Ces caractères suivent une relation d'ordre. Par exemple, nous avons les relations suivantes :
'0' < '1' < '2' < 'A' < 'B' < 'Y' < 'Z' < 'a' < 'b' < 'y'

Caractère d'Ordre n, CHAR(n)

CHAR(n) donne le caractère dont le numéro correspondant dans le code ASCII est n. Par exemple, **CHAR(65)** est le caractère 'A' et **CHAR(97)** correspond à 'a'. Aussi, **CHAR(49)** est égal au caractère '1'.

Prédécesseur d'un Caractère, PRED()

PRED('B') est 'A' et **PRED**('7') est le caractère '6'. Le **PRED** d'un caractère est son prédécesseur c'est-à-dire le signe qui le précède dans le code ASCII.

Successeur d'un Caractère, SUCC()

SUCC('B') est 'C' et **SUCC**('7') est le caractère '8'. Le **SUCC** d'un caractère est son successeur c'est-à-dire le signe-ASCII qui le succède.

Ordre d'un Caractère, ORD()

ORD('A') est égal au nombre entier **65**. C'est l'ordre du caractère 'A' au sein du code ASCII. **ORD**('1') est **49**.

Concaténation de Caractères, +

La concaténation de caractères (+) est la juxtaposition des deux caractères : 'A' + 'B' = 'AB'. De même, '1' + '2' = '12'

3.4.3 Code ASCII à 7 bits

La figure 3.4 représente le code ASCII à 7 bits.
En gris clair, dans le système hexadécimal, l'ordre du caractère, dans le code peut être lu. Par exemple, nous voyons que le caractère E correspond au nombre hexadécimal 45_{16}.
En couleur blanche, nous avons les 95 caractères affichables à l'écran.
En gris foncé, nous avons les 32 premiers caractères du code qui sont des caractères de commande, de même que le dernier (DEL).

Hex	0	1	2	3	4	5	6	7	8	9	A	B	C	D	E	F
0	NUL	SOH	STX	ETX	EOT	ENQ	ACK	BEL	BS	HT	LF	VT	FF	CR	SO	SI
1	DLE	DC1	DC2	DC3	DC4	NAK	SYN	ETB	CAN	EM	SUB	ESC	FS	GS	RS	US
2	SP	!	"	#	$	%	&	'	(	)	*	+	,	-	.	/
3	0	1	2	3	4	5	6	7	8	9	:	;	<	=	>	?
4	@	A	B	C	D	E	F	G	H	I	J	K	L	M	N	O
5	P	Q	R	S	T	U	V	W	X	Y	Z	[	\	]	^	_
6	`	a	b	c	d	e	f	g	h	i	j	k	l	m	n	o
7	p	q	r	s	t	u	v	w	x	y	z	{	|	}	~	DEL

FIGURE 3.4 – Code ASCII (7 bits)

3.5 Conclusion

Ce chapitre a traité les types de données de base. À côté de ces derniers, il existe d'autres types que nous allons progressivement aborder. Ce chapitre s'est également intéressé aux opérateurs pour chacun de ces quatre types primitifs. Il faut noter qu'il existe, aussi, l'opérateur parenthèse () qui a une grande priorité.
Par exemple, pour l'instruction suivante qui est permise : $2 * - 3 / (3+5)$; ce qui est dans la parenthèse est calculé d'abord ; ensuite, le produit est interprété et on obtient -0.75 comme résultat de l'opération.
Cet opérateur permet aussi de faire la conversion de type (Casting). Les instructions **Réel(n)**, **Integer(x)** ou **Int(x)**, **Char(n)** ; où n est un entier et x un réel ; convertissent respectivement n en réel, x en entier et n en caractère.

3.6 Exercices

1. Relativement à la programmation, discuter la règle mathématique suivante :

$$\mathbb{N} \subset \mathbb{Z} \subset \mathbb{D} \subset \mathbb{Q} \subset \mathbb{R}$$

2. Démontrer les lois de De Morgan.
3. Déterminer le résultat de l'opération suivante : -4 * + 5 / (2-3*4)
4. Donner l'écriture en format IEEE 754 du réel -2343,946.
5. À quoi est égal 365 **div** 7 **mod** 52 ?
6. Déterminer **ORD**(**PRED**(**SUCC**(**CHAR**(58)))).

Bibliographie

[1] Niklaus Wirth : "**Algorithms and Data Structures**", Prentice Hall, 1986, ISBN 0-13-022005-1.

[2] Henning Mittelbach : "**Programmierkurs TURBO-PASCAL Version 7.0**", Stuttgart : Teubner, 1995, ISBN 3-519-02986-3.

[3] Wilfried Gawehn : " **ANSI C - Turbo C : Eine vollständige Einführung einschliesslich der Turbo C-Grafik und der C-Bibliothek**", B.I. Wissenschaftsverlag, Mannheim, Wien, Zürich, 1989, ISBN 3-411-14211-1.

[4] Brian W. Kernighan, Dennis M. Ritchie : "**The C Programming Language : ANSI C Version (2nd Edition)**", Prentice Hall PTR, Upper Sadddle River, New Jersey, 1988, ISBN 10 : 0131103709, ISBN 13 : 9780131103627.

[5] IEEE 754-1985 ; http ://en.wikipedia.org/wiki/IEEE_754-1985

[6] IEEE 754 Converter ; http ://www.h-schmidt.net/FloatConverter/

[7] IEEE 754 ; http ://de.wikipedia.org/wiki/IEEE_754

Chapitre 4

Structures de Contrôle 1 : Séquence et Branchements

Dans ce chapitre, des structures algorithmiques très fréquentes sont traitées : la séquence, le bloc et la sélection. Un accent particulier est mis sur les structures de contrôle de branchements : la condition *Si* et le choix.

4.1 La Séquence

Jusqu'ici, nous n'avons présenté que des programmes qui exécutaient des instructions une après une. Toutes les instructions données à l'ordinateur ont étaient exécutées suivant leur ordre dans le code source, et aucune n'a été laissée. Ceci correspond à la séquence.

Structogramme, NSD et Diagramme de Flux de la Séquence :

Le diagramme de flux et le structrogramme de la séquence sont présentés, dans la figure 4.1, ci-dessous :

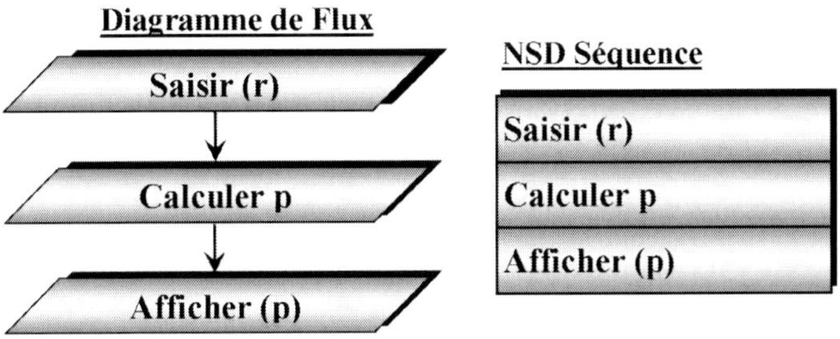

FIGURE 4.1 – NSD et Diagramme de Flux de la Séquence

4.2 Le Bloc d'Instructions (Block)

Le bloc d'instructions est un ensemble de commandes comprises entre les mots-clés *Début* et *Fin*. Le programmeur peut, à chaque fois qu'il a des instructions appartenant à un ensemble, les regrouper dans un bloc introduit par *Début* et fermé par *Fin*. Il faut remarquer que le programme principal est un bloc : c'est le bloc principal (main program).
Son NSD est le suivant :

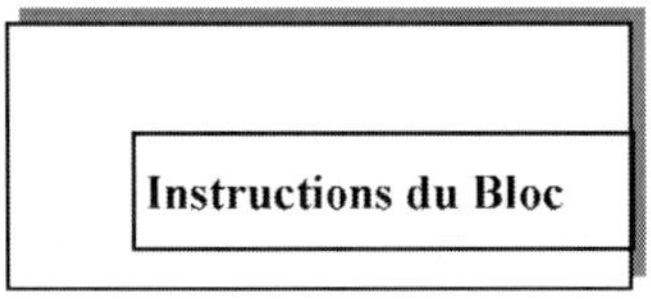

FIGURE 4.2 – NSD du Bloc

En *Pascal*, le bloc est compris entre les mots réservés *Begin* et *End*. Pour le bloc principal, *End* est suivi de . (point). En *C*, *C++*, ou *Java*, le bloc est délimité par {} : { est pour *Début* et } pour *Fin*.

```
Begin
    Instruction1 ;
    Instruction2 ;
    . . .
End ;
```

4.3 Structures de Branchement

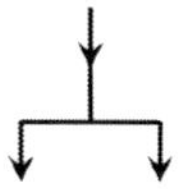

Un branchement est une **sélection**. Nous distinguons deux sortes de branchement : la condition et le choix.

4.3.1 La Condition Si, Branchement Conditionné (if), la Structure Si

Syntaxe de la Condition Si

Si < Condition ou Expression Booléenne > **Alors**

    Instructions_du_Oui

Sinon

    Instructions_du_Non

Fin Si

Le branchement conditionnel est introduit par le mot-clé *Si*. Ce dernier est suivi d'une condition ou d'une expression booléenne. Si la condition est vraie, *Alors* les instructions correspondantes, seulement, seront exécutées : *Instructions_du_Oui*. Sinon, c'est-à-dire la condition est fausse, les instructions

Instructions_du_Non seront exécutées et la partie *Instructions_du_Oui* n'est pas exécutée.

Exemple :

Si (Moyenne $\geq$ 10) **Alors**

Afficher('Matière Validée')

Afficher('Etudiant travailleur')

Sinon

Afficher('Matière Non Validée')

Afficher('Etudiant reprend la Matière')

Fin Si

Quand la Moyenne est supérieure ou égale à dix, les deux messages correspondants seront affichés. Et dans le cas contraire, l'étudiant n'a pas validé la matière et la reprend.

On remarque une différence fondamentale entre la séquence et la condition *Si*. Car pour cette dernière, une sélection d'instructions est effectuée. Donc, des instructions peuvent figurer dans le programme et ne seront jamais exécutées, parce que la condition autorisant leur exécution n'est pas remplie, sa valeur de vérité est fausse.

syntaxe de la Condition *Si* en *Pascal*

If < Condition ou Expression Booléenne > **Then**

Instructions_du_Oui /;

Else

Instructions_du_Non ;

N.B. : **IL N'Y A PAS DE POINT-VIRGULE AVANT *ELSE*, POUR LA CONDITION *SI*.**

On remarque qu'en *Pascal*, il n'y a pas de mot réservé pour *Fin Si*. Nous conseillons de mettre la condition entre parenthèses et de mettre les instructions dans un bloc, comme montré ci-dessous :

```
If (Moyenne ≥ 10) Then
Begin                                  {Début Instructions_du_Oui}
    Writeln('Matière Validée') ;
    Writeln('Etudiant travailleur') ;
End                                    {Fin Instructions_du_Oui}
Else
Begin                                  {Début Instructions_du_Non}
    Writeln('Matière Non Validée') ;
    Writeln('Etudiant reprend la Matière') ;
End ;                                  {Fin Instructions_du_Non : Fin Si}
```

Structogramme de la Condition Si, NSD

Le structogramme de la structure de contrôle conditionnelle *Si* est le suivant :

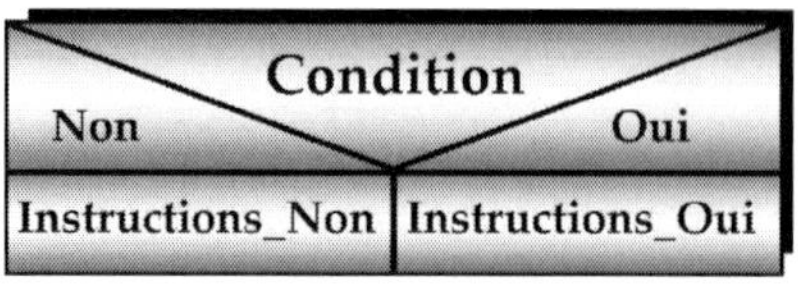

FIGURE 4.3 – NSD de la Condition *Si*

Le NSD de l'exemple précédent est illustré dans la figure ci-dessous :

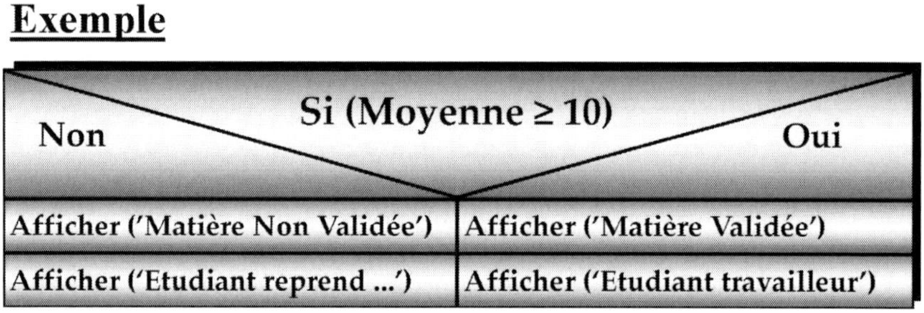

FIGURE 4.4 – Exemple de NSD de la Condition *Si*

Diagramme de Flux du branchement Conditionné

FIGURE 4.5 – Diagramme de Flux de la Condition *Si*

La figure 4.5 montre le diagramme de flux de la condition *Si*.

Exercice d'Application

Écrivons l'algorithme d'un programme qui lit de manière interactive un entier n; et qui affiche ('n est pair'), lorsque n est pair ; et ('n est impair') dans le cas contraire. Implémentons le en *Pascal* et faisons son structogramme.

Analyse :

Ici la notion de parité de n peut être traitée en testant le reste de la division de n par 2. Car si n est pair, alors il est divisible par deux et n **mod** 2, qui est le reste de sa division par deux, est nul.

```
Programme Parité
Variable
      n : entier
Début
      Afficher('Donnez un entier n svp')
      Saisir(n)
      Si ((n mod 2) == 0) Alors
         Afficher(n, ' est pair')
      Sinon
         Afficher(n, ' est impair')
      Fin Si
Fin
```

Le NSD de l'exemple précédent est illustré dans la figure 4.6 :

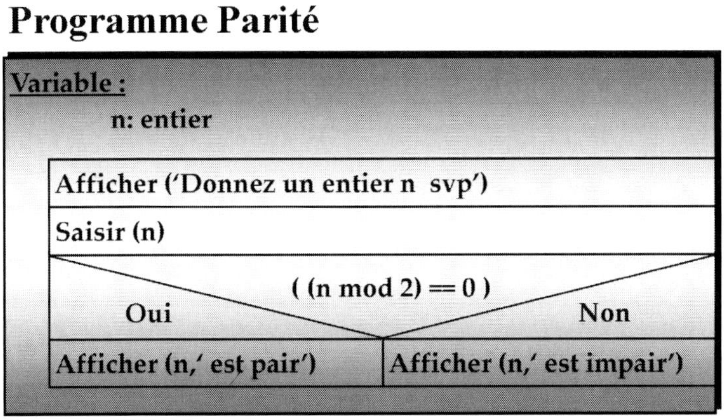

FIGURE 4.6 – NSD du Programme Parité

En *Pascal*, le code source suivant est obtenu :

```
Program Parite;
Var
      n : integer;
Begin
      Writeln('Donnez un entier n svp');
      Readln(n);
      If ((n mod 2) = 0) Then
         Writeln(n, ' est pair')
      Else
         Writeln(n, ' est impair');
End.
```

Dans ce listing, puisqu'on a une seule instruction dans la condition, il n'est pas nécessaire de la mettre dans un bloc.

4.3.2 Choix, Sélection, 'Selon', 'Cas Où'

Considérons le problème suivant consistant à écrire un programme qui lit une variable de type entier *Mois*. Cette variable correspond aux mois de l'année : $Mois = 1$ équivaut au mois de Janvier, $Mois = 2$ équivaut au mois de Février ; ainsi de suite jusqu'à douze (12) : $Mois = 12$ correspond à Décembre.
Notre programme va lire la variable *Mois* et selon les cas, il exécutera les instructions correspondantes :

— Afficher ('Janvier'), lorsque *Mois* est égal à 1.
— Afficher ('Février'), lorsque *Mois* est égal à 2.
— Afficher ('Mars'), lorsque *Mois* est égal à 3.
— Afficher ('Deuxième Trimestre '), lorsque *Mois* est égal à 4 ou 5 ou 6.
— Afficher ('Deuxième Semestre'), lorsque $Mois \in [7..12]$.
— Par défaut, Afficher ('Donnez un entier compris entre 1 et 12 svp').

En algorithmique et programmation, il y a une structure prévue à cet effet, avec des noms comme : **le Choix** ou **Cas où** ou **Selon** ou **Sélection**. Cette structure traite du *cas par cas*. Lorsque le nombre de cas est égal à deux, le problème peut être résolu avec la condition *Si*. Mais lorsque les cas dépassent deux, la structure *Choix* peut s'avérer plus efficace, plus appropriée. Nous présentons la syntaxe suivante pour cette structure algorithmique.

Syntaxe du Choix ou 'Cas où'

Cas où $<$ Variable $>$ **Parmi**

Valeurs_1 : Instructions_1 ;

Valeurs_2 : Instructions_2 ;

....

Valeurs_N : Instructions_N ;

Sinon

Instructions_par_Défaut ;

Fin Cas où

Remarques :

Dans la syntaxe précédente, il y a les termes Valeurs_i (i=1,2..N). Nous avons préféré les mettre au pluriel, car une liste de valeurs est permise, séparées par des virgules. Le mot-clé **Sinon** introduit le cas par défaut. Les instructions de ce cas seront exécutées, lorsque la Variable prend une valeur qui n'est pas dans les listes de valeurs Valeurs_i.

Syntaxe et Implémentation en *Pascal*

En *Pascal*, la syntaxe de la structure 'Cas où' est la suivante :

```
Case < Variable > Of
    Valeurs_1 : Instructions_1 ;
    Valeurs_2 : Instructions_2 ;
    .......................
    Valeurs_N : Instructions_N ;
Else
    Instructions_par_Défaut ;
End ;
```

Il est important de souligner qu'ici, il y a un point-virgule devant le mot réservé **Else**. Car ce dernier est le **cas par défaut** et le point-virgule qui le précède sépare les cas. C'est pour cette raison qu'il est, aussi, possible d'utiliser le mot-clé **Défaut** au lieu de **Sinon**, dans la syntaxe algorithmique précédente.

Nous pouvons implémenter un code simple, en *Pascal*, qui résout le problème posé :

```
Program ChoixDeMois ;
Var
    Mois : integer ;
Begin
    Writeln('Donnez Mois dans 1..12 svp') ;
    Readln(Mois) ;
    Case ( Mois ) Of
      1 : Writeln('Janvier') ;
      2 : Writeln('Fevrier') ;
      3 : Writeln('Mars') ;
      4, 5, 6 : Writeln('Deuxieme Trimestre') ;
      7..12 : Writeln('Deuxieme Semestre') ;
    Else
      Writeln('Donnez un entier compris entre 1 et 12 svp') ;
    End ;
End.
```

Structogramme, NSD

Le structogramme du *Choix* est représenté dans la figure 4.7. Il ressemble à celui de la condition *Si*. Car cette dernière peut être considérée comme un choix conditionné, à deux issues. La structure *Choix*, quant à elle, est sensée offrir plusieurs alternatives.

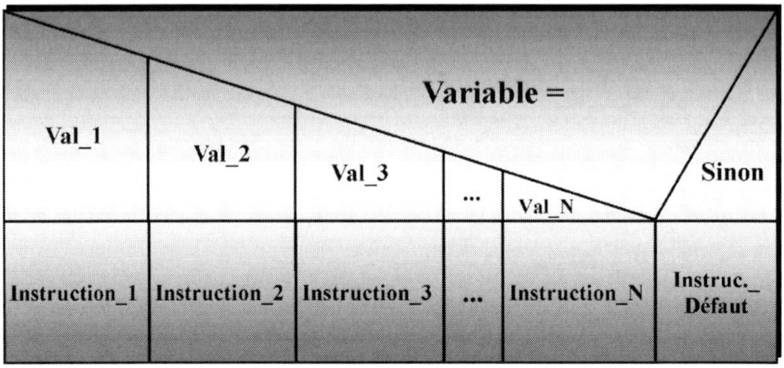

FIGURE 4.7 – NSD du Choix

Le NSD de notre programme *ChoixDeMois* est illustré dans la figure 4.8.

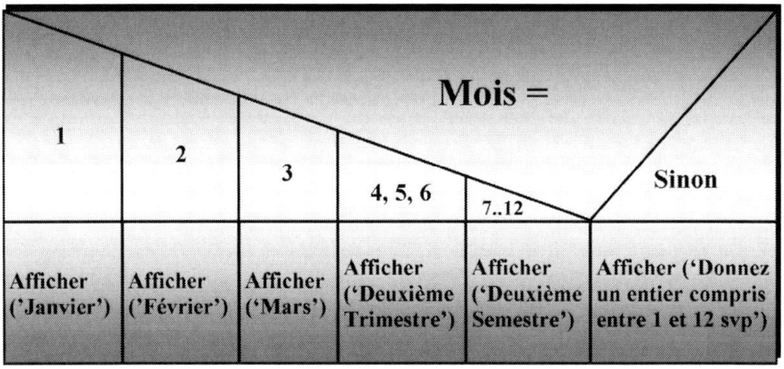

FIGURE 4.8 – NSD de Mois

Diagramme de Flux du Choix

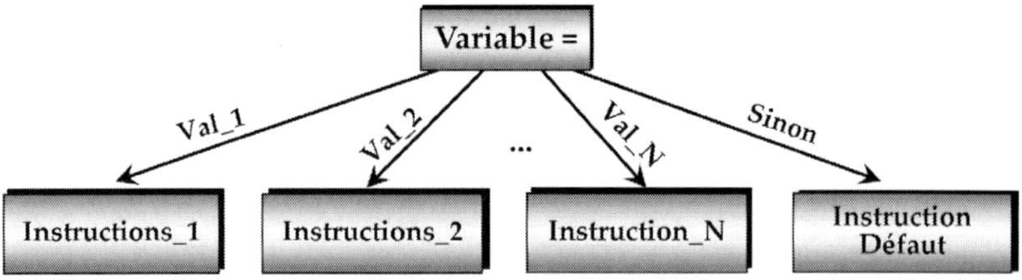

FIGURE 4.9 – Diagramme de Flux du Choix

Le Diagramme de flux du *Choix* est donné par la figure 4.9. Celui de notre exemple de Choix de mois est donné dans la figure 4.10

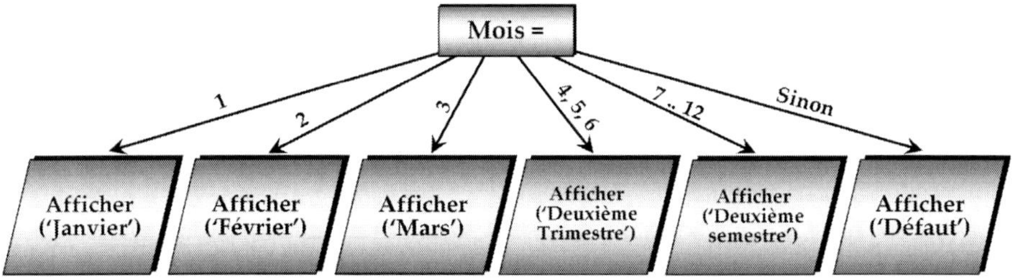

FIGURE 4.10 – Diagramme de Flux du Choix de Mois

Il existe une autre représentation, pour le diagramme de flux du choix. Celle-ci est montrée dans la figure 4.11. Nous y avons des losanges comme dans

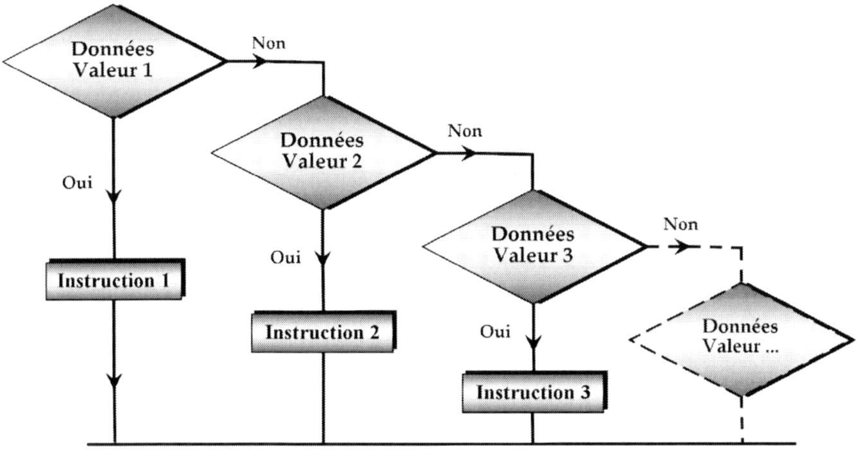

FIGURE 4.11 – Autre Diagramme de Flux du Choix

le cas de la condition *Si*. Ceci est logique, car ce qui est fait avec une structure *Cas où* peut aussi être traité à l'aide de plusieurs conditions.

Autres Appellations de *Cas Où*

Selon < Variable > **Parmi**

Valeurs_1 : Instructions_1 ;

....

Valeurs_N : Instructions_N ;

Sinon

Instructions_par_Défaut ;

Fin Selon

Cas Où < Variable > **Vaut**

Valeurs_1 : Instructions_1 ;

....

Valeurs_N : Instructions_N ;

Sinon

Instructions_par_Défaut ;

Fin Cas Où

Choix < Variable > **Parmi**

Valeurs_1 : Instructions_1 ;

....

Valeurs_N : Instructions_N ;

Sinon

Instructions_par_Défaut ;

Fin Choix

Selection < Variable > **Parmi**

Valeurs_1 : Instructions_1 ;

....

Valeurs_N : Instructions_N ;

Sinon

Instructions_par_Défaut ;

Fin Selection

4.4 Goto

Goto est une commande, en algorithmique et programmation, qui permet de faire un saut inconditionnel vers un label donné. Par exemple, nous pouvons considérer la séquence d'instructions suivante :

Afficher('Donner le rayon r svp')
Saisir(r)
p := 2 π r
Goto 2
s := $\pi\, r^2$
2 : **Afficher**(p)

Après la commande **Goto**, toutes les instructions qui suivent sont sautées et ne seront pas exécutées. Il y a un saut jusqu'au label (ici le nombre entier **2**). Un saut est effectué jusqu'à l'instruction labellisée (l'instruction qui suit **2 :**). Donc, pour notre séquence précédente, l'instruction $s := \pi\, r^2$ qui suit la commande **Goto** *2* ne sera pas exécutée, elle sera sautée. Car l'instruction de saut a été donnée : elle consiste à aller à l'instruction ayant le label **2** c'est-à-dire la commande **Afficher**(p). Donc, la commande qui suit l'affectation de p est son affichage à l'écran. Il convient de souligner qu'ici **2** doit être défini comme label, auparavant.

4.4.1 Syntaxe de Goto

```
Goto label
...............
label : Instruction_du_label
```

4.4.2 Exemple en *Pascal*

Le programme, en *Pascal*, illustre l'utilisation de Goto

```
Program UtilisationDeGoto;
Label 222;                {Definition de label 222}
Var
    r, p, s : real;
Begin
    Writeln('Donnez le rayon r svp');
    Readln(r);
    Goto 222;             {Saut vers le label 222}
    p := 2 * PI * r;
    Writeln('Le perimetre est : ', p);
    222 :  s := PI * r * r;         {Instruction de label 222}
    Writeln('La surface est : ', s);
End.
```

Les instructions $p := 2*PI*r$ et **Writeln***('Le perimetre est : ', p)* seront sautées et ne seront donc pas exécutées. La commande qui suit la lecture de r est le calcul de la surface : $s := PI * r * r$.

4.5 Conclusion

Nous avons vu au cours de ce chapitre des structures algorithmiques de contrôles très importantes comme la condition et le choix. Il est important de souligner que la condition peut être utilisée pour résoudre un problème de *cas par cas*. C'est-à-dire en lieu et place d'une structure *Choix*, le programmeur peut utiliser la structure *Si*. Dans ce cas, il va utiliser plusieurs *Si* et *Sinon*. En outre, on peut avoir une condition *Si* sans la partie *Sinon*.

Quant au saut inconditionnel **Goto**, il est fréquent de le rencontrer dans des codes écrits en FORTRAN. Son utilisation nous semble moins fréquente en *Pascal*, C, C++ et Java. N'empêche, le programmeur a besoin de comprendre cette structure.

Bibliographie

[1] Niklaus Wirth : "**Algorithms and Data Structures**", Prentice Hall, 1986, ISBN 0-13-022005-1.

[2] Henning Mittelbach : "**Programmierkurs TURBO-PASCAL Version 7.0**", Stuttgart : Teubner, 1995, ISBN 3-519-02986-3.

[3] Wilfried Gawehn : " **ANSI C - Turbo C : Eine vollständige Einführung einschliesslich der Turbo C-Grafik und der C-Bibliothek**", B.I. Wissenschaftsverlag, Mannheim, Wien, Zürich, 1989, ISBN 3-411-14211-1.

[4] Brian W. Kernighan, Dennis M. Ritchie : "**The C Programming Language : ANSI C Version (2nd Edition)**", Prentice Hall PTR, Upper Sadddle River, New Jersey, 1988, ISBN 10 : 0131103709, ISBN 13 : 9780131103627.

Chapitre 5

Structures de Contrôle 2 : Les Boucles

Ce chapitre traite des structures de contrôle très importantes : les boucles. Tout d'abord, la boucle 'Pour' (*For*) est présentée en détails avec des exemples et implémentations en langage *Pascal*. Ensuite, la boucle 'Tant Que' (*While*) est discutée. Après, la structure 'Répéter... Jusqu'à' (*Repeat ... Until*) est traitée. Enfin, ces boucles sont comparées.

5.1 Introduction

Intéressons nous à un programme qui affiche cinq (5) fois 'Bonjour'. Naturellement, ceci ne présente aucune difficulté, d'après ce que l'on a vu jusqu'ici :

Programme AfficherBonjour

Début

  Afficher('Bonjour')

  Afficher('Bonjour')

  Afficher('Bonjour')

  Afficher('Bonjour')

  Afficher('Bonjour')

Fin

Maintenant, intéressons nous à l'affichage de 'Bonjour' un million (1 000 000) de fois. En réalité, écrire dans un code la commande **Afficher**('Bonjour'), un million de fois, est possible, mais pas efficient. Quelle est alors la meilleure approche ?
Il existe, en algorithmique et programmation, la possibilité de donner une instruction une seule fois et d'indiquer à l'ordinateur de la répéter N-fois. Nous

obtenons ainsi une structure itérative, répétitive ou boucle (en anglais *loop*). Nous distinguons trois (3) boucles que nous allons scinder en deux catégories.

5.2 Les Boucles 'Pour' et 'Tant Que'

5.2.1 La Boucle 'Pour' (For-Loop)

Syntaxe de la boucle 'Pour'

Cette structure de contrôle est très fréquente en algorithmique et programmation. Sa syntaxe, qui est simple, est la suivante :

Pour Variable := Val_Initial **à** Val_Final **Faire**

Instructions_de_Boucle ;

Fin Pour

Donnons un exemple simple d'application :

Programme AffichageBonjour

Variable

i : entier

Début

Pour i := 1 **à** 5 **Faire**

Afficher('Bonjour')

Fin Pour

Fin

Une simulation de l'exécution donne :
Parcours 1 : i=1 et 'Bonjour' est affiché à l'écran
Parcours 2 : i=2 et 'Bonjour' est affiché à l'écran
Parcours 3 : i=3 et 'Bonjour' est affiché à l'écran
Parcours 4 : i=4 et 'Bonjour' est affiché à l'écran
Parcours 5 : i=5 et 'Bonjour' est affiché à l'écran
La boucle est finie et le programme s'arrête. Nous avons ainsi obtenu l'affichage du message 'Bonjour' cinq fois à l'écran.
Maintenant, nous constatons qu'il est simple d'écrire un programme qui affiche un million (1 000 000) de fois 'Bonjour'. Il suffit de remplacer **5** par **1 000 000** dans le pseudo-code précédent.

Commentaires de la Syntaxe de la Boucle 'Pour'

La boucle 'Pour' est l'une des boucles les plus fréquentes. Elle est introduite par le mot-clé *Pour* suivi d'une variable qui est appelée variable de parcours ou compteur de boucle. Cette variable est de type énumérable ou ordonné (que l'on peut compter). Ce compteur de boucle prend les valeurs allant de Val_Initial à Val_Final ; à Pas (en anglais *Step*) ordinal de 1, par défaut. En effet, un *Pas* différent de 1 peut être spécifié. Par exemple, l'instruction suivante peut être donnée :

Pour i := 1 **à** 5 **Faire** , **à Pas de** 2

Afficher('Bonjour')

Fin Pour

Dans ce cas, l'ordinateur commence par i=1, ensuite i=3 et termine par i=5. Car le pas a été donné égal à 2. Ainsi, le message 'Bonjour' sera affiché trois fois au lieu de cinq.
Il est aussi possible d'avoir Val_Initial supérieur à Val_Final. Dans ce cas, le pas est négatif et on a un compte à rebours.
Dans la syntaxe de la boucle, après la variable, nous avons le signe := qui correspond à une affectation, plus précisément, une initialisation du compteur de boucle. Le mot-clé **'à'** peut être remplacé par **'jusqu'à'**.
Tout de même, il est plus répandu d'avoir Val_initial inférieur ou égal à val_final et le pas par défaut est égal à 1. Les instructions de boucle seront exécutées (Val_Final-Val_Initial+1) fois, lorsque la variable de parcours est de type entier.
La boucle 'Pour' est fermée par **Fin Pour**.
Beaucoup de langages mettent les instructions de boucles dans un bloc : c'est-à-dire entre **{** (**Début**) et **}** (**Fin**).
La boucle 'Pour' est très utile en sciences et techniques. Elle permet de résoudre des problèmes itératifs : intégration, dérivation, calculs vectoriels et matriciels, résolution d'équations différentielles, etc.

Exercice d'Application : Sommation Itérative

Écrivons un algorithme d'un programme qui lit un entier N, puis calcule et affiche la somme suivante :

$$\sum_{i=1}^{N} i$$

Analyse :

Ici, la somme est : 1 +2 +3 + ... + N-1 + N. Donc, il faut trouver un moyen de la calculer de manière itérative, avec une boucle. Nous allons déclarer une variable **Som** qui va nous permettre d'enregistrer la somme demandée. On a

$$Som = \sum_{i=1}^{N} f(i) \quad \text{avec, ici} \;\; f(i) = i$$

Nous allons considérer la variable **Som** comme un seau qui va nous permettre de collecter, de sommer les termes f(i) de manière itérative, étape par étape. Donc, le seau a pour nom **Som** et son contenu est la valeur de la somme. Quand le processus itératif de sommation finit, la somme exacte sera obtenue. Ce processus de calcul peut être schématisé de la manière suivante :

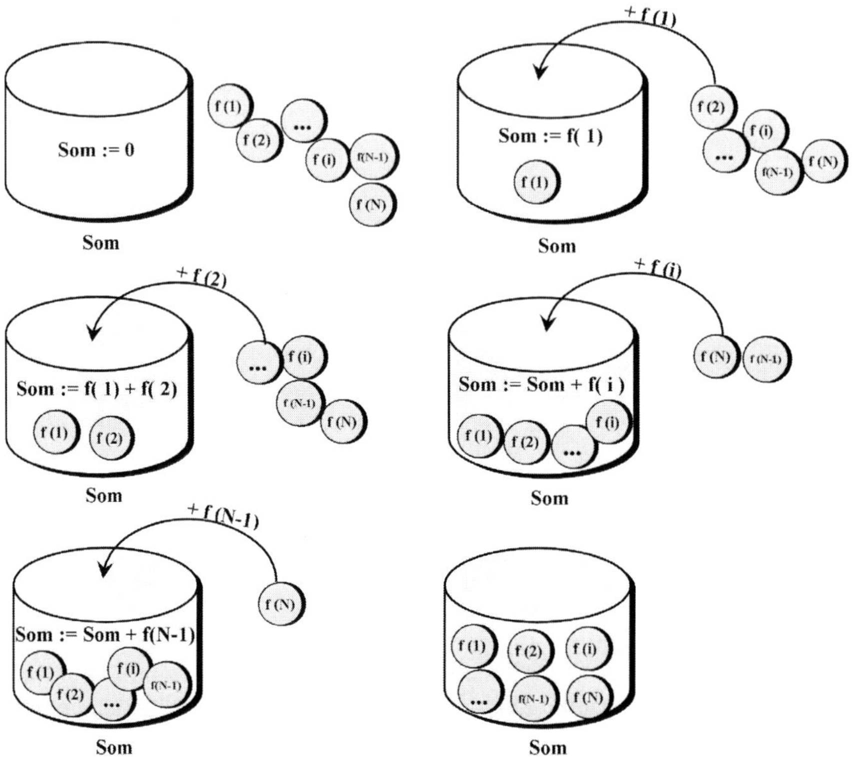

FIGURE 5.1 – Processus de Sommation Itérative

Initialement, le seau est vide : la variable **Som** est nulle. La première étape consiste à mettre le terme f(1)=1 dans le seau. C'est-à-dire la variable **Som** qui était auparavant nulle devient maintenant égale à f(1). Cette étape correspond au premier parcours de la boucle. L'étape 2, correspond au deuxième parcours de la boucle. Là, nous allons mettre le terme f(2) dans le seau. Ainsi, f(1) et f(2) sont contenus dans le seau : la valeur de la somme est f(1)+f(2), à cette étape . À l'étape 3, correspondant au troisième parcours de la boucle, f(3) est mis dans le seau. Ce dernier contient alors les termes f(1), f(2) et f(3) et la valeur de la somme **Som** devient f(1)+f(2)+f(3). Ainsi de suite, le processus de sommation se poursuit. À l'étape i, le terme f(i) est mis dans le seau. La somme, à cette étape, est égale à la somme à l'étape précédente plus le terme f(i). On remarque que la méthode de calcul de la somme fonctionne de la manière suivante :

$$\text{somme à l'étape i} = \text{somme à l'étape (i-1)} + \text{f(i)} .$$

Et donc, la somme **Som** est calculée comme suit :

$$\textbf{Som} := \textbf{Som} + \text{f(i)} .$$

Il convient de rappeler que nous ne sommes pas en mathématiques et que le signe **:=** ne signifie pas égal ; c'est plutôt une affectation. Il faut donc remarquer que le terme **Som**, qui est à droite du signe d'affectation (**:=**), est différent du terme **Som** à gauche. Ce dernier est la somme à l'étape i et se calcule à partir de la somme de l'étape précédente (i-1) qui est le terme **Som** à droite du signe **:=** . Le processus est répété de i allant de 1 à N ; et lorsqu'il prend fin, le seau contiendra exactement tous les termes (ni plus ni moins). Alors, la boucle s'arrête et la valeur de la variable **Som** est égale à la somme demandée. Le résultat peut ainsi être affiché. Nous pouvons également schématiser le processus de sommation itérative de la manière suivante :

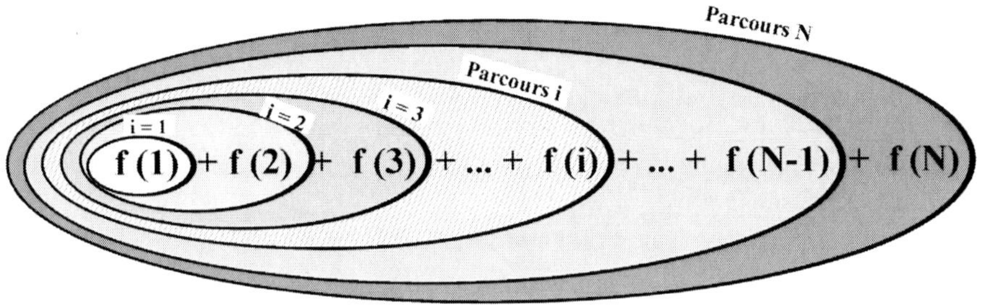

FIGURE 5.2 – Processus de Sommation Itérative avec Ellipses

Un programme correspondant, en pseudo-langage, est présenté ci-dessous :

Programme Sommation
Variable
    i, N, Som : entier
Début
    Afficher('Donnez un entier N $\geq$ 1 svp')
    Saisir(N)
    Som := 0   {Initialisation de la Somme}
    Pour i := 1 **à** N **Faire**
        Som := Som + i
    Fin Pour
    Afficher('La somme demandée est : ', Som)
Fin

On remarque qu'avant la boucle, la somme **Som** a été initialisée à zéro (0). Car le seau ne contenait rien au début.

Effectivement, une boucle a besoin, en général, d'une initialisation. Nous préférons mettre cette dernière juste avant la boucle, pour une plus grande lisibilité du programme. Notre boucle de sommation a été initialisée à 0 qui est l'élément neutre de l'addition. En général, une initialisation d'une somme à zéro peut être utile. Mais pour chaque problème, il convient de faire l'initialisation adéquate. Pour notre exemple traité, nous pouvons vérifier que la somme est toujours égale à $\frac{N(N-1)}{2}$. Ainsi, nous pouvons procéder à une simulation de l'exécution de notre programme et voir qu'il fait correctement la sommation.

Implémentation en *Pascal*

En *Pascal*, la syntaxe de la boucle 'Pour' est la suivante :

```
For Variable := Val_Initial To Val_Final Do
    Instruction_de_Boucle ;
```

S'il y a une seule instruction de boucle, il n'est pas nécessaire de la mettre dans un bloc. Ce dernier est obligatoire, lorsque le nombre d'instructions de boucle dépasse un. Quel que soit le cas, nous préférons utiliser la variante suivante (avec un bloc) :

```
For Variable := Val_Initial To Val_Final Do
Begin
    Instructions_de_Boucle ;
End ;
```

Nous obtenons le programme suivant d'affichage du message 'Bonjour', en *Pascal* :

```
Program AffichageBonjour ;
Var
    i : integer ;
Begin
    For i := 1 To 5 Do
    Begin
        Writeln('Bonjour') ;
    End ;
End.
```

Le code source du programme *Sommation* est le suivant, en *Pascal* :

```
Program Sommation ;
Var
    i, N, Som : integer ;
Begin
    Writeln('Donnez un entier N ≥ 1 svp') ;
    Readln(N) ;
    Som := 0 ;                    {Initialisation de la Somme}
    For i := 1 To N Do
    Begin
        Som := Som + i ;
    End ;
    Writeln('La somme demandée est : ', Som) ;
End.
```

En *Pascal*, il existe aussi la syntaxe de la boucle 'Pour' suivante, lorsque Val_Initial est supérieur ou égal à Val_Final. Dans ce cas, au lieu du mot réservé **to**, le mot-clé **downto** est utilisé :

For Variable := Val_Initial **Downto** Val_Final **Do**

Begin

Instructions_de_Boucle ;

End ;

Structogramme, NSD de la Boucle 'Pour'

Le structogramme de la boucle 'Pour' est le suivant :

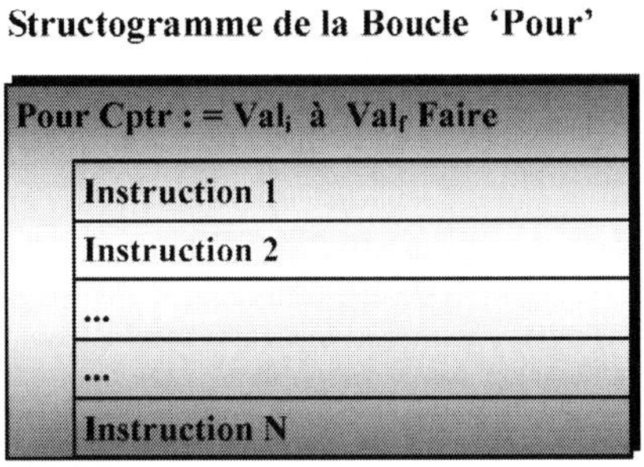

FIGURE 5.3 – NSD de la Boucle *Pour*

Le structogramme du programme *Sommation* est le suivant :

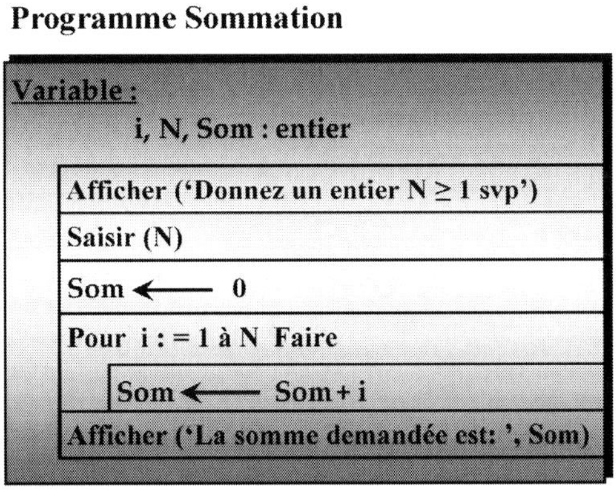

FIGURE 5.4 – NSD du Programme *Sommation* avec une Boucle *Pour*

Diagramme de Flux de la Boucle 'Pour'

Le diagramme de flux de la boucle 'Pour' est le suivant :

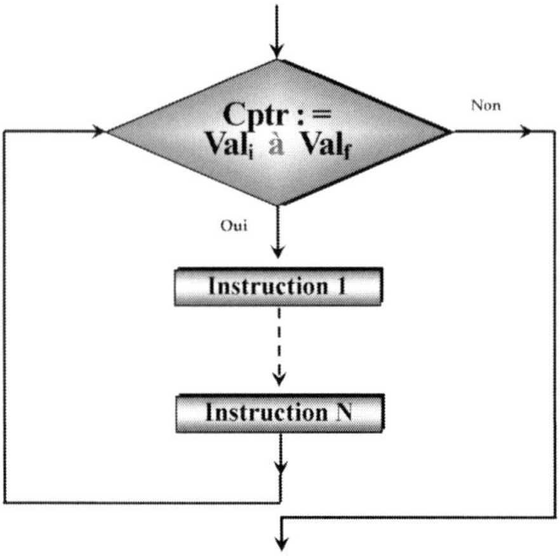

FIGURE 5.5 – Diagramme de Flux de la Boucle *Pour*

Le diagramme de flux du programme *Sommation* est le suivant :

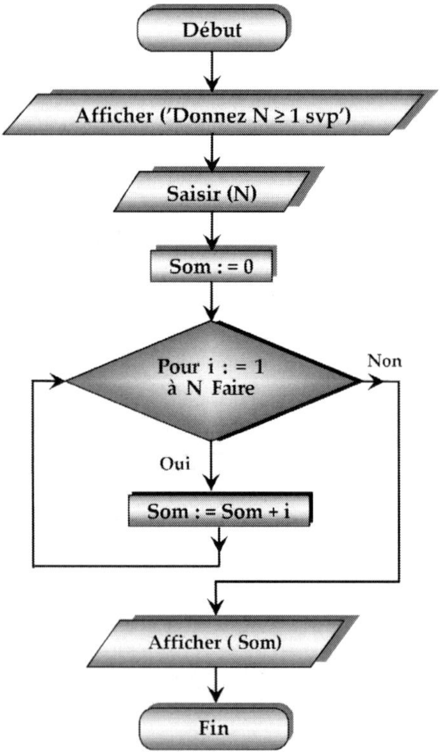

FIGURE 5.6 – Diagramme de Flux du Programme *Sommation*

5.2.2 La Boucle 'Tant Que' (While-Loop)

Syntaxe de la Boucle 'Tant Que'

La syntaxe de la boucle 'Tant Que' est la suivante :

Tant Que $<$ Condition ou Expression Booléenne $>$ **Faire**

  Instructions_de_Boucle ;

Fin Tant Que

Cette boucle est introduite par le mot-clé 'Tant Que' (while), suivi d'une condition ou une expression booléenne. Aussi longtemps que la condition est vraie, les instructions de boucles seront exécutées.
Nous allons montrer comment on utilise cette boucle pour afficher un million de fois (1 000 000) 'Bonjour', à l'aide d'un programme en pseudo-langage :

```
Programme AffichageBonjour_TQ
Variable
    i : entier
Début
    i := 1                                  {Initialisation de i}
    Tant Que (i ≤ 1 000 000) Faire
        Afficher('Bonjour')
        i := i+1                            {Relance}
    Fin Tant Que
Fin
```

Tout d'abord, on remarque que la condition est mise entre parenthèses. Ceci est une bonne technique de programmation qui est très importante. On peut aussi remarquer que la condition, ici, est posée sur la variable i. Cela signifie qu'il faut d'abord connaître sa valeur, d'où l'initialisation de la variable i avant la boucle. La question qui mérite d'être posée est : quel sera le i suivant après la valeur initiale ? Dans le cas de la boucle 'Pour', le suivant du compteur actuel est connu. Tel n'est pas le cas pour la boucle 'Tant Que'. Donc, pour cette boucle, nous avons besoin d'une instruction explicite qui permet de passer au i suivant : i :=i+1, ici. Cette instruction actualise voire change l'expression de la condition. Certains auteurs l'appellent la relance.

Implémentation en *Pascal*

De manière générale, la syntaxe en *Pascal* de la boucle 'Tant Que' est la suivante :

While $<$ Condition ou Expression Booléenne $>$ **Do**

Begin

  Instructions_de_Boucle ;

End ;

Naturellement, lorsqu'on a une seule instruction de boucle, il n'est pas nécessaire de la mettre dans un bloc. Ainsi, un listing, en *Pascal*, du programme d'affichage de 'Bonjour', avec la boucle 'Tant Que', est présenté ci-dessous :

```
Program AffichageBonjour_TQ;
Var
    i : integer;
Begin
    i := 1;                                   {Initialisation de i}
    While (i ≤ 1 000 000) Do
    Begin
        Writeln('Bonjour');
        i := i+1;                             {Relance}
    End;
End.
```

Structogramme, NSD

Le diagramme de Nassi-Shneidermann de la boucle 'Tant Que' est identique à celui de la structure 'Pour'.

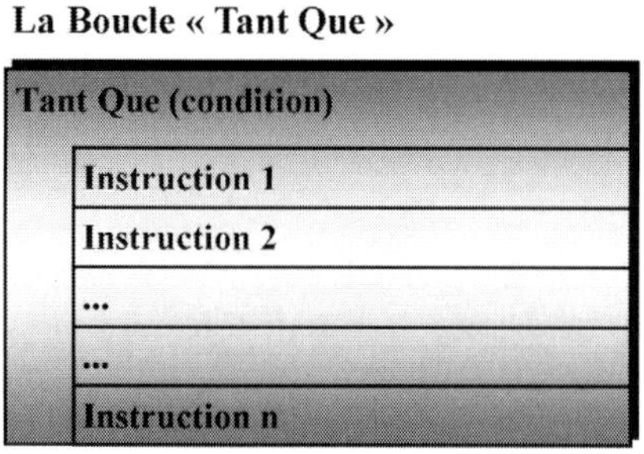

FIGURE 5.7 – NSD de la Boucle *Tant Que*

Diagramme de Flux de la Boucle 'Tant Que'

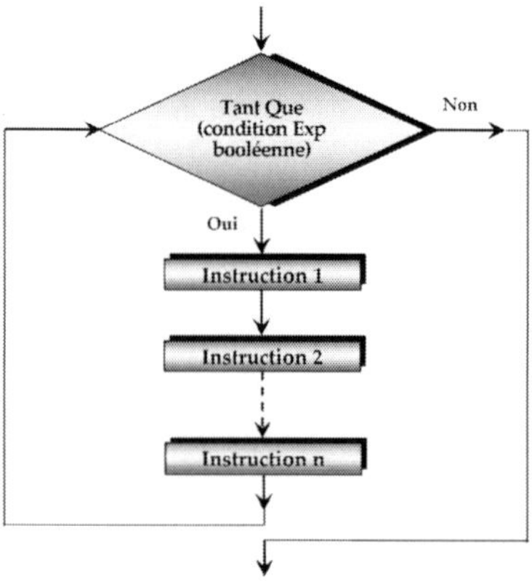

FIGURE 5.8 – Diagramme de Flux de la Boucle *Tant Que*

Le diagramme de flux de la boucle 'Tant Que' est le même que celui de la boucle 'Pour', comme le montre la figure 5.8.
Le diagramme de flux de notre programme d'affichage 'Bonjour' est le suivant :

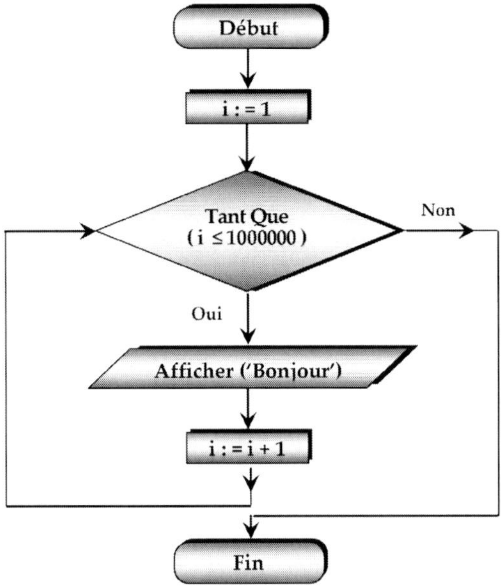

FIGURE 5.9 – Diagramme de Flux d'Affichage de 'Bonjour' avec 'Tant Que'

5.3 La Boucle 'Répéter ... Jusqu'à ' (Repeat)

5.3.1 Syntaxe de la Boucle 'Répéter ... Jusqu'à'

La syntaxe de la boucle 'Répéter ... Jusqu'à' est la suivante :

Répéter

Instructions_de_Boucle ;

Jusqu'à < Condition ou Expression Booléenne >

Cette boucle est introduite par le mot-clé 'Répéter' (repeat), suivi des instructions de boucle qui seront répétées jusqu'à ce qu'une condition ou expression booléenne d'arrêt soit vraie. Aussi longtemps que cette condition d'arrêt de boucle est fausse, les instructions de boucles seront exécutées.
Le programme suivant, écrit en pseudo-langage, affiche un million (1 000 000) de fois 'Bonjour', à l'aide de la boucle 'Répéter' :

Programme AffichageBonjour_RPT_JQ
Variable
i : entier
Début
i := 1 {Initialisation de i}
Répéter
Afficher('Bonjour')
i := i+1 {Relance}
Jusqu'à (i > 1 000 000)
Fin

Ici, on remarque que la condition est la négation de celle de la boucle 'Tant Que'. Aussi, l'incrémentation du compteur de boucle est explicite : i :=i+1.

5.3.2 Exemples en *Pascal*

En *Pascal*, la syntaxe de la boucle 'Répéter..Jusqu'à' est la suivante :

Repeat
Instructions_de_Boucle ;
Until < Condition ou Expression Booléenne >

Le listing d'affichage de 'Bonjour' avec la boucle 'Répéter' est présenté ci-après :

Program AffichageBonjour_RPT_JQ ;
Var
i : integer ;
Begin
i := 1 ; {Initialisation de i}
Repeat
Writeln('Bonjour') ;
i := i+1 ; {Relance}
Until (i > 1 000 000) ;
End.

5.3.3 Structogramme, NSD

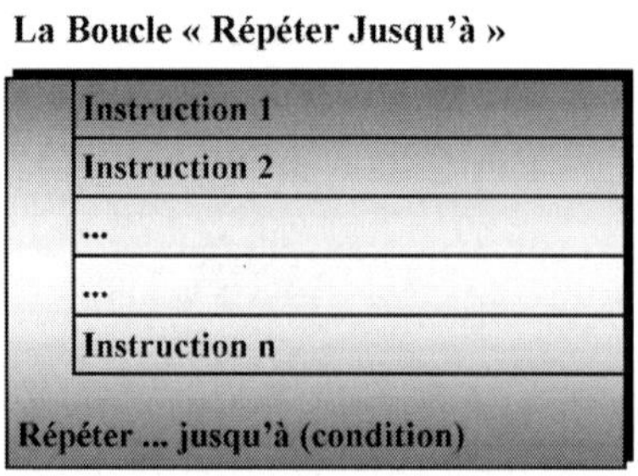

FIGURE 5.10 – NSD de la Boucle *Répéter..Jusqu'à*

La figure 5.10 représente le diagramme de Nassi-Shneidermann de la boucle 'Répéter..Jusqu'à'.
On remarque qu'il différe du NSD des boucles 'Pour' et 'Tant Que'.

5.3.4 Diagramme de Flux de la Boucle 'Répéter.. Jusqu'à'

La figure 5.11 illustre le diagramme de flux de la boucle 'Répéter' :

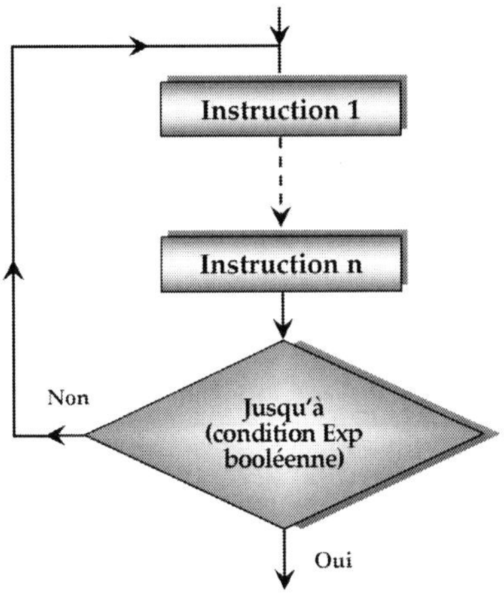

FIGURE 5.11 – Diagramme de Flux de la Boucle *Répéter..Jusqu'à*

Le diagramme de flux de notre programme d'affichage de 'Bonjour' est le suivant :

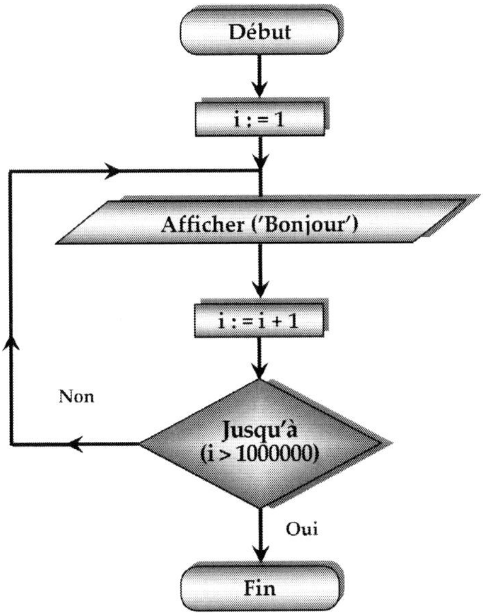

FIGURE 5.12 – Affichage de 'Bonjour' avec 'Répéter'

5.4 Comparaison des Boucles 'Pour', 'Tant Que' et 'Répéter'

5.4.1 Pre-Check Loop : 'Pour' et 'Tant Que'

Nous avons vu que les deux boucles, 'Pour' et 'Tant Que' ont le même structogramme et le même diagramme de flux. En outre, pour toutes les deux, un **test** (**check**) est effectué **avant** (**Pre-**) l'exécution des instructions de boucle. Ces dernières ne seront exécutées que lorsque le test est positif (VRAI). Donc, les boucles 'Pour' et 'Tant Que' sont deux structures algorithmiques pour lesquelles il y a un test d'avant-boucle : elles sont des **Pre-check Loops**.

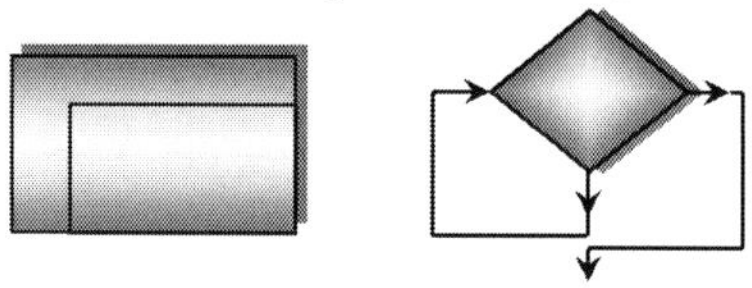

FIGURE 5.13 – Pre-Check Loop : 'For' et 'While'

Toutefois, ces deux boucles ont des points de différence :

- La boucle 'Pour', comme nous l'avons vu, est parcourue ($|Ord(Val_f)-Ord(Val_i)|+1$) fois, lorsque sa variable de parcours est dans l'intervalle $[Val_i..Val_f]$. Alors que le nombre de parcours de la boucle 'Tant Que' peut ne pas être connu à l'avance.
- Ces deux structures font un test avant l'exécution des instructions de boucle. Pour la boucle 'Tant Que', ce test est explicite, c'est une condition ou une expression booléenne. Le **check** de la boucle 'Pour' est implicite. C'est le compteur qui est testé. S'il appartient à l'intervalle $[Val_i..Val_f]$, alors les instructions de boucle seront exécutées, sinon c'est l'arrêt de la boucle.
- Les instructions des boucles 'Pour' et 'Tant Que' peuvent ne pas être exécutées : on peut avoir le cas **0-Parcours**. C'est le cas, lorsque le test d'entrée de boucle n'est jamais positif. Alors, aucun parcours de la boucle ne sera effectué.
- Il y a aussi le cas **∞-Parcours**. Nous désignons par ce terme le cas où la boucle est parcourue infiniment. Cette situation se présente lorsque le test, la condition de parcours de boucle est toujours vérifiée.
- En général, une initialisation est souhaitable avant une boucle. Aussi, pour 'Tant Que', on a besoin d'une instruction qui change la condition ou l'expression booléenne : la *relance*.

5.4.2 Post-Check Loop : 'Répéter..Jusqu'à'

La structure de contrôle 'Répéter..Jusqu'à' est une boucle dont **les instructions sont exécutées au moins une fois. Après** chaque exécution, un **test** (**Check**) d'arrêt sera effectué. Nous avons une boucle pour laquelle, après chaque parcours, il y a un test de sortie : nous avons un **Post-Check Loop**.

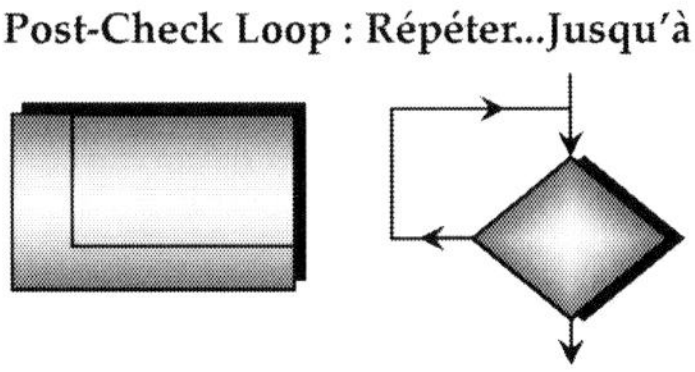

FIGURE 5.14 – Post-Check Loop : 'Repeat'

Pour cette catégorie de boucle, le cas **0-Parcours** ne peut pas se présenter. Mais le cas d'une boucle infinie est possible.

5.5 Exercices d'Application

5.5.1 Produit Itératif : Puissance, Factorielle

Intéressons nous à un algorithme de calcul du produit itératif suivant :

$$\prod_{i=1}^{N} f(i) \;=\; f(1) \times f(2) \cdots \times f(N-1) \times f(N)$$

ce produit présente un intérêt, car nous permettant de calculer :

- la puissance N-ième d'une variable x : c'est le cas où

  $$f(1) = f(2) = \cdots = f(N-1) = f(N) = x\ .$$

  Dans ce cas, le produit est égal à

  $$\prod_{i=1}^{N} f(i) \;=\; x \times x \cdots \times x \times x \;=\; x^N$$

- N !, Factorielle de N : c'est le cas où

  $$f(i) = i\ \ ,\ \ i = 1, 2, ..., N$$

  Dans ce cas, le produit correspond à

  $$\prod_{i=1}^{N} f(i) \;=\; 1 \times 2 \times 3 \cdots (N-1) \times N \;=\; N!$$

Analyse :

Ce produit peut être calculé de manière analogique à la somme itérative vue précédemment. Une variable *Produit*, de même type que les f(i), peut être déclarée. Cette variable *Produit* sera initialisée à 1 (élément neutre de la multiplication), avant la boucle d'itération. L'instruction de boucle permettant d'obtenir le produit est :

$$Produit := Produit \times f(i)$$

Cela signifie que le produit à l'étape i, c'est-à-dire au i-ième parcours de la boucle, reçoit la valeur du produit à l'étape précédente; fois f(i) qui est le i-ième terme du produit.
Dans le cas de factorielle N, le nom de la variable peut être changé en *Fac_N*, au lieu de *Produit*. Le pseudo-code suivant permet de déterminer la factorielle de N (N!), et de l'afficher :

Programme FactorielleIterative {Calcul de Factorielle N}
Variable
  i, N, Fac_N : entier
Début
  Afficher('Donnez un entier N $\geq$ 1 svp')
  Saisir(N)
  Fac_N := 1 {Initialisation la Factorielle}
  Pour i := 1 **à** N **Faire**
   Fac_N := Fac_N * i
  Fin Pour
  Afficher('Factorielle de N est : ', Fac_N)
Fin

Dans le cas de la puissance N-ième d'une variable x (x^N), le nom de la variable peut être changé en X_Puissance_N, au lieu de *Produit*. Le pseudo-code suivant permet de déterminer la puissance N-ième d'une variable x (x^N), et de l'afficher :

Programme Puissance_N_ieme {Calcul x Puissance N}
Variable
  i, N, : entier
  x, X_Puissance_N : réel
Début
  Afficher('La Puissance N svp')
  Saisir(N)
  Afficher('Le Reel x svp')
  Saisir(x)
  X_Puissance_N := 1 {Initialisation la Puissance}
  Pour i := 1 **à** N **Faire**
   X_Puissance_N := X_Puissance_N * x
  Fin Pour
  Afficher('x puissance N = ', X_Puissance_N)
Fin

5.5.2 Calcul du Nombre d'Euler e

$e = 2,71828182845904523536028747135266249775724709369995957496696762772407663035354759457138217852516642742746639193200305992181741359662904357290033429526059563073813232862794349076323382988075319525101901...$

Ici, nous allons déterminer une approximation du nombre d'Euler en calculant la somme suivante :

$$\sum_{i=0}^{100} \frac{1}{i!} \approx e$$

Donc, nous nous intéressons à la méthode de programmation de la somme ci-dessous :

$$1 + \frac{1}{1!} + \frac{1}{2!} + \cdots + \frac{1}{i!} + \cdots + \frac{1}{99!} + \frac{1}{100!}.$$

Analyse :

Nous avons à sommer des inverses de factorielles. La sommation a besoin d'une boucle, et aussi chaque factorielle sera calculée avec une boucle. Cette somme peut être écrite de la manière suivante :

$$\sum_{i=0}^{100} \frac{1}{i!} = 1 + \sum_{i=1}^{100} \frac{1}{\prod_1^i j} = 1 + \sum_{i=1}^{100} \frac{1}{1 \times \cdots j \cdots \times i}.$$

Le produit est dans la somme : nous calculerons le nombre d'Euler en utilisant une boucle de sommation contenant une boucle de multiplication. Car nous remarquons que les termes de sommation sont des

$$f(i) = \frac{1}{\prod_1^i j}.$$

Et chacun de ces termes sera lui-même calculé avec une boucle de produit.

Remarque :

Il est plus efficient de mettre la somme cherchée sous la forme suivante :

$$\sum_0^{100} \frac{1}{i!} = 1 + \sum_1^{100} \left(\prod_1^i \frac{1}{j} \right) = 1 + \sum_1^{100} \left(\prod_1^i f(i) \right), \text{ avec } f(i) = \frac{1}{i}.$$

Mais la forme présentée plus haut nous a semblé plus pédagogique.
Nous proposons le pseudo-code suivant qui résout le problème :

```
Programme Nombre_d_Euler                    {Calcul du nombe d'Euler }
Constante
    N = 100
Variable
    i, j, Fac : entier                      {Compteurs de Boucles et Factorielle }
    Som : réel
Début
    Som := 1                                {Initialisation de la Somme}
    Pour i := 1 à N Faire
        Fac := 1                            {Initialisation la Factorielle de i}
        Pour j := 1 à i Faire
            Fac := Fac * j
        Fin Pour
        Som := Som + 1/ Fac
    Fin Pour
    Afficher('e = ', Som)
Fin
```

Le structrogramme correspondant est le suivant :

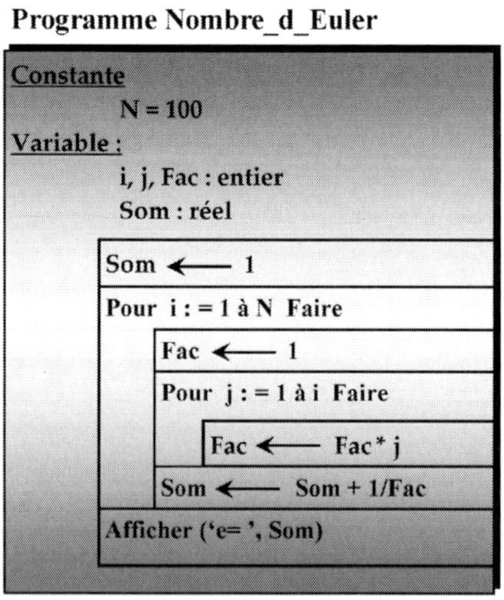

FIGURE 5.15 – NSD : Calcul de *e*[1]

Le diagramme de flux de notre pseudo-code est représenté dans la figure 5.16 suivante :

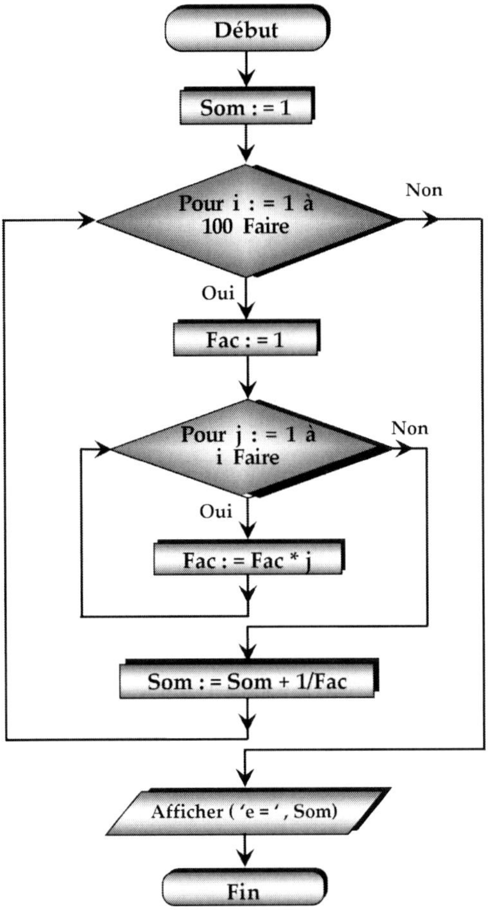

FIGURE 5.16 – Diagramme de Flux : Calcul de e^1

5.6 Conclusion

Nous avons vu, dans ce chapitre, des structures algorithmiques essentielles pour la résolution de problèmes itératifs : les boucles. Leur traitement détaillé a été présenté et aussi leur implémentation.
Les boucles constituent un outil très important en sciences et techniques. Leur utilisation efficiente permet de gagner énormément de temps.

5.7 Exercices

1. Écrire un programme en Pascal, qui calcule et affiche la somme suivante :

$$5^2 - 7^2 + 9^2 - 11^2 + \cdots - 91^2 + 93^2 - 95^2 + 97^2 \ ;$$

à l'aide d'une boucle 'Tant Que'.

2. Faire une étude comparative détaillée de toutes les boucles.
3. Écrire un algorithme permettant de calculer et d'afficher la somme suivante :

$$e^{-\lambda} \cdot \sum_{k=0}^{N} \frac{\lambda^k}{k!} \ ,$$

   pour $N = 10$ et $\lambda = 3$.
   Trouver, pour cette somme, une interprétation pratique.
4. À quoi équivaut l'expression suivante :

$$e^{-\lambda} \cdot \sum_{k=0}^{\infty} \frac{\lambda^k}{k!} \ .$$

5. Programmer la belle somme :

$$\sum_{k=0}^{100} \frac{(-1)^k}{4^k} \frac{\pi^{2k}}{(2k)!} \ .$$

Bibliographie

[1] Niklaus Wirth : "**Algorithms and Data Structures**", Prentice Hall, 1986, ISBN 0-13-022005-1.

[2] Henning Mittelbach : "**Programmierkurs TURBO-PASCAL Version 7.0**", Stuttgart : Teubner, 1995, ISBN 3-519-02986-3.

[3] Wilfried Gawehn : " **ANSI C - Turbo C : Eine vollständige Einführung einschliesslich der Turbo C-Grafik und der C-Bibliothek**", B.I. Wissenschaftsverlag, Mannheim, Wien, Zürich, 1989, ISBN 3-411-14211-1.

[4] Brian W. Kernighan, Dennis M. Ritchie : "**The C Programming Language : ANSI C Version (2nd Edition)**", Prentice Hall PTR, Upper Sadddle River, New Jersey, 1988, ISBN 10 : 0131103709, ISBN 13 : 9780131103627.

[5] Nombre d'Euler ; http ://de.wikipedia.org/wiki/Eulersche_Zahl

Chapitre 6

Le Type Tableau ou Array : Les Tableaux

Nous avons vu les types de données élémentaires, simples, primitifs ou de base, au cours du chapitre 3. À côté de ceux-ci, il y a les types structurés de données, parmi lesquels nous avons le type tableau.

6.1 Tableau à une Dimension ou Vecteur

Considérons les valeurs réelles suivantes :

$$\begin{aligned} x_1 &= 2,7 \\ x_2 &= -4,3 \\ x_3 &= 9,1 \\ x_4 &= 13,5 \end{aligned}$$

Nous avons quatre valeurs d'un même type (type réel). Nous pouvons les regrouper dans un tableau x de réels, contenant quatre éléments dont le premier est : $x_1 = 2,7$, le deuxième $x_2 = -4,3$, le troisième $x_3 = 9,1$ et le quatrième et dernier élément $x_4 = 13,5$.

x_1	**2,7**
x_2	**-4,3**
x_3	**9,1**
x_4	**13,5**

On obtient ainsi un nouveau type **structuré** (non élémentaire) et **homogène** qui contient des éléments de même type.

6.1.1 Déclaration d'un Tableau

Un tableau à une dimension ou vecteur est déclaré de la manìere suivante :
NomDuTableau : Tableau [$\text{Val}_{\text{Début}}$ .. $\text{Val}_{\text{Final}}$] **de Type**

<u>**Exemple**</u> :

x **: Tableau** [1 .. 4] **de réel**
On déclare un tableau en donnant son nom (identifiant), suivi de deux points (:) et du mot-clé tableau. Ensuite vient, entre crochets, le domaine d'indice du tableau. Le premier indice est $\text{Val}_{\text{Début}}$ et le dernier est $\text{Val}_{\text{Final}}$. Enfin, vient le type des éléments du tableau.
Le nombre d'éléments d'un tableau ayant un domaine d'indices d'entiers est égal à : $(\text{Val}_{\text{Final}} - \text{Val}_{\text{Début}} + 1)$.

6.1.2 Déclaration en *Pascal*

Un tableau à une dimension ou vecteur est déclaré, en *Pascal*, de la manière suivante :

NomDuTableau : Array [$\text{Val}_{\text{Début}}$ .. $\text{Val}_{\text{Final}}$] **of Type**

<u>**Exemple**</u> :

x **: Array** [1 .. 4] **of real**

6.1.3 Accès aux Éléments du Tableau

On accède à l'élément i du tableau x par x[i]. En d'autres termes, x[i] correspond à x_i :

$$x[i] \equiv x_i$$

Ainsi, les affectations suivantes pourront être faites :

$$\begin{aligned} \text{x}[1] &:= 2,7 \\ \text{x}[2] &:= -4,3 \\ \text{x}[3] &:= 9,1 \\ \text{x}[4] &:= 13,5 \end{aligned}$$

6.1.4 Analogie avec un Vecteur en Mathématiques

Ici, nous soulignons l'analogie entre la notion de vecteur en mathématiques et le tableau à une dimension. Notre tableau **x** pourrait représenter un vecteur $\vec{x}$ dont les composantes sont respectivement x_1, x_2, x_3 et x_4 :

$$\vec{x} = \begin{pmatrix} x_1 \\ x_2 \\ x_3 \\ x_4 \end{pmatrix}$$

6.1.5 Lecture, Écriture, Affectation et Initialisation d'un Tableau

Initialisation

Certains compilateurs initialisent à zéro. Ils affectent la valeur zéro à tous les éléments du tableau, après sa déclaration. Donc, le programmeur doit faire attention, car les valeurs des composants de son tableau sont nulles, initialement. Il peut faire sa propre initialisation. Ainsi, il évitera une surprise causée par une initialisation imprévue des éléments du tableau.

Lecture, Écriture, Affectation d'un Tableau

De manière générale, la lecture, l'écriture et l'affectation d'un tableau se font à l'aide d'une boucle. Car tout le tableau doit être parcouru, du premier au dernier élément. Une boucle de traitement d'un tableau **Tab**, à une dimension, a la forme suivante :

Pour i := $\mathrm{Val}_{\mathrm{Début}}$ **à** $\mathrm{Val}_{\mathrm{Final}}$ **Faire**

    Traiter Tab[i]

Fin Pour

La variable i, ici, est le compteur de boucle. L'instruction Traiter Tab[i], est mise pour :

- **Lire** (Tab[i]), lorsqu'on veut saisir (lire) tous les éléments de **Tab**.
- **Écrire** (Tab[i]), lorsqu'on veut afficher (écrire) tous les éléments de **Tab**.
- **Affecter** Tab[i], (exemple : Tab[i] := 2∗i), lorsqu'on veut affecter tous les éléments de **Tab**.

6.1.6 Exercices d'Application

Suite Numérique

Considérons une suite numérique (U_n) telle que :

$$U_n = 2n - 3, \quad n \in \mathbb{N}$$

Écrivons un algorithmique qui permet de calculer les onze (11) premiers termes de cette suite. Ces derniers seront enregistrés (mémorisés) dans un tableau et pourront être affichés à l'écran.
Un pseudo-code permettant de le faire est le suivant :

Programme Suite

Constante

$N_{max} = 10$

Variable

U : **Tableau** [0 .. N_{max}] d'entier

n : entier

Début

Pour n := 0 **à** N_{max} **Faire**

U[n] := 2*n - 3

Afficher(U[n])

Fin Pour

Fin

Moyenne des Valeurs d'un Tableau

Écrivons un programme qui lit la note de mathématiques de chaque élève d'une classe de vingt-cinq (25). Ce programme calculera la moyenne en mathématiques de la classe, puis affichera le nombre d'élèves qui ont validé cette matière. Un élève valide les maths, lorsque sa note est supérieure ou égale à 10. Ce programme affichera le taux de réussite de la classe.

Analyse :

D'abord, nous avons 25 élèves dans la classe. Les notes pourront être enregistrées dans un tableau de réels contenant N=25 éléments.
La moyenne de la classe en mathématiques est la somme (Som_Notes) des notes de tous les élèves, divisée par le nombre total d'élèves :

$$Moyenne = \frac{Som\_Notes}{N}.$$

Donc, nous avons besoin d'une sommation itérative qui nous permettra de calculer la moyenne de la classe.
Pour le taux de réussite, nous avons d'abord besoin de compter le nombre d'élèves qui ont une note supérieure ou égale à 10. Nous désignons, par l'identifiant $Nbr\_de\_Reussis$, le nombre d'eleves qui ont reussi (validé). Pour obtenir ce nombre, nous avons besoin d'une sommation conditionnée : la somme ne sera effectuée que lorsque la condition de réussite est remplie (Note ≥ 10). Une fois que $Nbr\_de\_Reussis$ est obtenu, le taux de réssite ($Taux\_Reussite$) est calculé avec la formule

$$Taux\_Reussite = \frac{Nbr\_de\_Reussis}{N} 100$$

Voici un programme écrit en pseudo-langage qui résout le problème posé :

```
Programme MoyenneDeClasse                    { Moyenne de Classe }
                                             {et Taux de Reussite}
Constante
    N = 25
Variable
    Note : Tableau [1 .. N]  de réel
    i : entier
    Nbr_de_Reussis : entier
    Som_Notes, Moyenne, Taux_Reussite : réel
Début
    Nbr_de_Reussis := 0                          {Initialisation }
    Som_Notes := 0                               {Initialisation }
    Pour i := 1 à N Faire
      Afficher('Donnez la Note', i, 'svp')
      Saisir(Note[i])                    {Lecture interactive des Notes }
      Som_Notes := Som_Notes + Note[i]
      Si (Note[i] ≥ 10) Alors            {Sommation conditionnée }
          Nbr_de_Reussis := Nbr_de_Reussis + 1
      Fin Si
    Fin Pour
    Moyenne := Som_Notes/N
    Taux_Reussite := 100*Nbr_de_Reussis/N
    Afficher('La moyenne de la classe en maths est ', Moyenne)
    Afficher(Taux_Reussite,' % ont réussi en maths ')
Fin
```

Produit Scalaire de Deux Vecteurs

Nous considérons deux vecteurs $\vec{A}$ et $\vec{B}$ ayant chacun N composantes. Nous nous intéressons au produit scalaire de ces deux vecteurs, en utilisant des tableaux. Nous allons concevoir un programme qui lit les composantes des deux vecteurs, puis calcule et affiche le produit scalaire.

Analyse :

Nous rappelons que le produit scalaire de deux vecteurs $\vec{A}$ et $\vec{B}$ est défini de la manière suivante :

$$\vec{A}\cdot\vec{B} = \begin{pmatrix} A_1 \\ A_2 \\ \vdots \\ A_N \end{pmatrix} \cdot \begin{pmatrix} B_1 \\ B_2 \\ \vdots \\ B_N \end{pmatrix} = A_1B_1 + A_2B_2 + \cdots + A_NB_N = \sum_{i=1}^{N} A_i \cdot B_i$$

Nous pouvons modéliser les vecteurs $\vec{A}$ et $\vec{B}$ comme des tableaux, et calculer, puis afficher leur produit scalaire ($ProdScal$). Ce dernier est une somme qui pourra être calculée avec une boucle.

L'algorithme ci-dessous résout le problème : les vecteurs $\vec{A}$ et $\vec{B}$ y sont lus de manière interactive, puis $\vec{A}\cdot\vec{B}$ est calculé et affiché.

```
Programme CalculDeProduitScalaire                {Produit Scalaire}
Constante
    N = 10
Variable
    A, B : Tableau [1 .. N]  de réel
    i : entier
    ProdScal : réel
Début
    ProdScal := 0                                {Initialisation }
    Pour i := 1 à N Faire
        Afficher('Donnez la Composante', i, 'de A')
        Saisir(A[i])        {Lecture interactive des Composantes de A }
        Afficher('Donnez la Composante', i, 'de B')
        Saisir(B[i])        {Lecture interactive des Composantes de B}
        ProdScal := ProdScal + A[i]*B[i]
    Fin Pour
    Afficher(' Le Produit Scalaire est égal à : ', ProdScal)
Fin
```

6.2 Tableau à deux Dimensions ou Matrice

6.2.1 Déclaration d'un Tableau à deux Dimensions

Considérons une matrice de réels m, ayant 4 lignes et 5 colonnes, dont les éléments sont les suivants :

$$\begin{matrix} m_{11} & m_{12} & m_{13} & m_{14} & m_{15} \\ m_{21} & m_{22} & m_{23} & m_{24} & m_{25} \\ m_{31} & m_{32} & m_{33} & m_{34} & m_{35} \\ m_{41} & m_{42} & m_{43} & m_{44} & m_{45} \end{matrix}$$

La déclaration de cette matrice se fait à l'aide d'un tableau à deux dimensions, comme suit :

m **: Tableau** [1 **..** 4 , 1 **..** 5] **de réel**

La donnée m est déclarée comme étant un tableau ayant deux (2) domaines d'indice : un indice de ligne allant de 1 à 4 et un indice de colonne allant de 1 à 5.
m[i,j] désigne l'élément m_{ij} :

$$m[i,j] \equiv m_{ij}$$

De manière générale, une matrice m à N_l lignes et N_c colonnes est déclarée de la manière suivante :

NomDuTableau : Tableau [1 **..** $\mathrm{N_l}$ **,** 1 **..** $\mathrm{N_c}$] **de Type**

Remarques :

- Le nombre d'éléments de la matrice est égal à $\mathrm{N_l} \times \mathrm{N_c}$. On peut connaître la place occupée en mémoire par la matrice avec la commande **Sizeof(**NomduTableau**)**.
- La virgule dans la déclaration de la matrice est très importante, du point de vue syntaxique. Son omission entraîne une erreur de syntaxe. Cette virgule est le séparateur des deux domaines d'indices.

6.2.2 Lecture, Écriture, Affectation et Initialisation d'une Matrice

Pour parcourir toute la matrice, nous avons besoin de deux variables de parcours : une pour les lignes (i) et une autre pour les colonnes (j). Ce parcours nécessite deux boucles. Le traitement d'une matrice m peut avoir la forme suivante :

Pour i := 1 **à** $\mathrm{N_l}$ **Faire**

    Pour j := 1 **à** $\mathrm{N_c}$ **Faire**

        Traiter m[i,j]

    Fin Pour

Fin Pour

C'est équivalent à :

Pour toutes les Lignes

Pour toutes les Colonnes

Traiter m[i,j]

Nous pouvons, par exemple, écrire un algorithme d'un programme qui lit de manière interactive les éléments de la matrice m donnée en exemple :

Programme LectureMatrice

Constante

$N_l = 4$; $N_c = 5$;

Variable

m : **Tableau** [1 .. N_l , 1 .. N_c] de réel

i, j : entier

Début

Pour i := 1 **à** N_l **Faire**

Pour j := 1 **à** N_c **Faire**

Afficher ('Donnez l'élément m [', i, j, ']')

Saisir (m[i,j])

Fin Pour

Fin Pour

Fin

6.2.3 Exercices d'Application

Matrice Transposée

Déterminer la matrice transposée est un problème classique. C'est un traitement de base, de manipulation de tableaux à deux dimensions. Nous considérons une matrice **A** de réels ayant $N_{lA} = 8$ lignes et $N_{cA} = 12$ colonnes. Nous allons écrire un programme qui détermine **B**, matrice transposée de **A**.

Analyse :

B est la matrice transposée de **A** veut dire que les lignes de **A** sont les colonnes de **B** ; et les colonnes de **A** sont les lignes de **B**. Donc, le nombre de lignes de **B** est : $N_{lB} = N_{cA}$; et son nombre de colonnes est : $N_{cB} = N_{lA}$. Nous désignons par B_{ij} l'élément de **B** qui se trouve à sa ligne i et à sa colonne j. A_{ji} est l'élément de **A** qui se trouve à sa j-ième ligne et à sa i-ième colonne. Alors, nous avons la relation suivante :

$$B_{ij} = A_{ji}$$

Le pseudo-code suivant transpose la matrice **A** :

Programme TransposerMatrice

Constante

$N_{lA} = 4$; $N_{cA} = 5$;

$N_{lB} = N_{cA}$; $N_{cB} = N_{lA}$;

Variable

A : **Tableau** [1 .. N_{lA} , 1 .. N_{cA}] de réel

B : **Tableau** [1 .. N_{lB} , 1 .. N_{cB}] de réel

i, j : entier

Début

Pour i := 1 **à** N_{lB} **Faire**

Pour j := 1 **à** N_{cB} **Faire**

B[i,j] := A[j,i]

Fin Pour

Fin Pour

Fin

Multiplication de Matrices

Nous considérons deux matrices de réels : **A** ayant N_{lA} lignes et N_{cA} colonnes, et **B** ayant N_{lB} lignes et N_{cB} colonnes. Nous nous intéressons à un algorithme qui lit ces deux matrices, puis calcule leur produit C et l'affiche à l'écran.

Analyse :

Tout d'abord nous rappelons que le produit matriciel n'est pas commutatif : $A \times B \neq B \times A$. Le produit $C = A \times B$ n'existe que lorsque le nombre de colonnes de A est égal au nombre de lignes de B ($N_{lA} = N_{cB}$). La matrice produit, C est une matrice à $N_{lC} = N_{lA}$ lignes et $N_{cC} = N_{cB}$ colonnes.
Un élément quelconque c_{ij} de la matrice C est égal au produit scalaire de la ligne-i de A et la colonne-j de B :

$$c_{ij} = a_{i1}\, b_{1j} + a_{i2}\, b_{2j} + \cdots + a_{iN_{cA}}\, b_{N_{cA}j} = \sum_{k=1}^{N_{cA}} a_{ik} \cdot b_{kj}$$

En effet, la multiplication de matrices se fait ligne-colonne. Le principe de calcul du produit matriciel $A \times B$ peut être illustré de la manière suivante :

$$\begin{pmatrix} a_{11} & \cdots & a_{1j} & \cdots & a_{1Nca} \\ \vdots & \vdots & \vdots & \vdots & \\ a_{i1} & \cdots & a_{ij} & \cdots & a_{iNca} \\ \vdots & \vdots & \vdots & \vdots & \vdots \\ a_{Nla1} & \cdots & a_{Nlaj} & \cdots & a_{NlaNca} \end{pmatrix} \times \begin{pmatrix} b_{11} & \cdots & b_{1j} & \cdots & b_{1Ncb} \\ \vdots & \vdots & \vdots & \vdots & \\ b_{i1} & \cdots & b_{ij} & \cdots & b_{iNcb} \\ \vdots & \vdots & \vdots & \vdots & \vdots \\ b_{Nlb1} & \cdots & b_{Nlbj} & \cdots & b_{NlbNcb} \end{pmatrix}$$

$$= \begin{pmatrix} c_{11} & c_{12} & \cdots & c_{1j} & \cdots & c_{1Ncc} \\ \vdots & \vdots & \vdots & \vdots & \vdots & \\ c_{i1} & c_{i2} & \cdots & c_{ij} & \cdots & c_{iNcc} \\ \vdots & \vdots & \vdots & \vdots & \vdots & \vdots \\ c_{Nlc1} & c_{Nlc2} & \cdots & c_{Nlcj} & \cdots & c_{NlcNcc} \end{pmatrix}$$

Donc, nous allons traiter les éléments de la matrice C : chaque élément sera calculé à l'aide d'une somme *Som* :

$$c_{ij} = Som = a_{i1}\, b_{1j} + a_{i2}\, b_{2j} + \cdots + a_{iN_{cA}}\, b_{N_{cA}j} = \sum_{k=1}^{N_{cA}} a_{ik} \cdot b_{kj}$$

Le pseudo-code suivant fait la multiplication des deux matrices :

Programme Multiplication_de_Matrice

Constante

$N_{lA} = 4$; $N_{cA} = 5$;

$N_{lB} = 5$; $N_{cB} = 3$;

$N_{lC} = N_{lA}$; $N_{cC} = N_{cB}$;

Variable

A : **Tableau** [1 .. N_{lA} , 1 .. N_{cA}] de réel

B : **Tableau** [1 .. N_{lB} , 1 .. N_{cB}] de réel

C : **Tableau** [1 .. N_{lC} , 1 .. N_{cC}] de réel

i, j, k, Som : entier

Début

{ Lecture Interactive de A}

Pour i := 1 **à** N_{lA} **Faire**

Pour j := 1 **à** N_{cA} **Faire**

Afficher ('Donnez l'élément A [', i, j, '] svp')

Saisir (A[i,j])

Fin Pour

Fin Pour

{ Lecture Interactive de B}

Pour i := 1 **à** N_{lB} **Faire**

Pour j := 1 **à** N_{cB} **Faire**

Afficher ('Donnez l'élément B [', i, j, '] svp')

Saisir (B[i,j])

Fin Pour

Fin Pour

{ Calcul du Produit C = A x B}

Pour i := 1 **à** N_{lC} **Faire**

Pour j := 1 **à** N_{cC} **Faire**

Som := 0

Pour k := 1 **à** N_{cA} **Faire**

Som := Som + A[i,k] * B[k,j]

Fin Pour

C[i,j] := Som

Fin Pour

Fin Pour

{ Affichage de C}

Pour i := 1 **à** N_{lC} **Faire**

Pour j := 1 **à** N_{cC} **Faire**

Afficher (C [i, j])

Fin Pour

Fin Pour

Fin

Implémentation en *Pascal*

Le listing suivant est une implémentation du pseudo-code de calcul du produit matriciel :

```
program Multiplication_de_Matrice;          {Auteur: SBG }
                              {Produit Matriciel C = A x B }
const
```

```
  Nla = 4; Nca=5;
  Nlb = 5; Ncb=3;
  Nlc = Nla; Ncc=Ncb;
var
  A   : array[1..Nla,1..Nca] of integer;
  B   : array[1..Nlb,1..Ncb] of integer;
  C   : array[1..Nlc,1..Ncc] of integer;
  i, j, k, Som : integer;
begin
 for i:= 1 to Nla do              {Lecture de la matrice A}
 begin
   for j:=1 to Nca do
   begin
     writeln('Donnez l element A[', i, j,'] svp');
     readln(A[i,j]);
   end;
 end;
for i:= 1 to Nlb do               {Lecture de la matrice B}
 begin
   for j:=1 to Ncb do
   begin
     writeln('Donnez l element B[', i, j,'] svp');
     readln(B[i,j]);
   end;
 end;
                                  {Calcul de la matrice C = A x B}
for i:= 1 to Nlc do
 begin
   for j:=1 to Ncc do
   begin
    Som :=0;
    for k := 1 to Nca do
    begin
      Som := Som + A[i,k]* B[k,j];
    end;
    C[i,j] := Som;
   end;
   writeln;
 end;
                                     {Affichage de la matrice C}
```

```
for i:= 1 to Nlc do
 begin
   for j:=1 to Ncc do
   begin
     write(C[i,j],'  ');
   end;
   writeln;
 end;

end.
```

On remarquera que dans ce programme, les mots-clés sont écrits en miniscule. Ceci n'est pas une obligation en *Pascal*, car ce dernier est un langage *case-insensitive*.

6.3 Tableau à 3-, 4-, N-Dimensions

En mathématiques, en Physique ou dans les Sciences de l'Ingénieur, des grandeurs sont traitées comme le vecteur position $\vec{r}$, la vitesse $\vec{v}$, la pression P, la température T, le champ électrique $\vec{E}$, la densité d'induction magnétique $\vec{B}$, le potentiel scalaire Φ, etc. Celles-ci dépendent du lieu et du temps.
Considérons la température $Temperature(x, y, z, t)$ en un point de coordonnées spatiales (x,y,z), à l'instant t, pour le cas où : $0 \leq x \leq a$, $0 \leq y \leq b$, $0 \leq z \leq c$ et $0 \leq t \leq T_f$. Des valeurs de températures mesurées peuvent être stockées dans un tableau à quatre dimensions. L'espace et le temps peuvent être discrétisés de sorte qu'on ait des valeurs discrètes de température, aux points de coordonnées (x_i, y_j, z_k), à des instants t_l, avec :

$$x_i = (i-1)\Delta x,\ i = 1, 2, ..., N_x \ ; \qquad y_j = (j-1)\Delta y,\ j = 1, 2, ..., N_y \ ;$$
$$z_k = (k-1)\Delta z,\ k = 1, 2, ..., N_z \ ; \qquad t_l = (l-1)\Delta t,\ l = 1, 2, ..., N_t \ ;$$
$$\Delta x = \frac{a}{N_x - 1},\ \Delta y = \frac{b}{N_y - 1},\ \Delta z = \frac{c}{N_z - 1},\ \Delta t = \frac{T_f}{N_t - 1}\ .$$

On obtient l'équivalence suivante

$$Temperature(x_i, y_j, z_k, t_l) \equiv Temperature[i, j, k, l]$$

Et donc la température peut être déclarée comme tableau, de la manière suivante :

Temperature **: Tableau** [1 .. $\mathrm{N_x}$, 1 .. $\mathrm{N_y}$, 1 .. $\mathrm{N_z}$, 1 .. $\mathrm{N_t}$] **de Réel**

Dans ce cas, le nombre d'éléments de ce tableau est $N_x \times N_y \times N_z \times N_t$.

6.4 Conclusion

Dans ce chapitre nous avons vu comment modéliser des grandeurs en sciences et techniques à l'aide de tableau. Il faut préciser que l'accès à un élément d'un tableau est direct (**random access**).

6.5 Exercices

1. Ousmane est physicien chercheur, il a mesuré des temperatures et les a enregistrées dans un tableau à une dimension T ayant N=12345 éléments. Il aimerait écrire un programme, en *Pascal*, qui détermine la variance des valeurs mesurées. Celle-ci est définie de la manière suivante :

$$\frac{1}{N} \cdot \sum_{i=1}^{N} (T_i - \bar{T})^2 \quad ,$$

   où $\bar{T}$ est la moyenne arithmétique des éléments du tableau.
   Aider Ousmane à implementer son code source.

2. Implémenter un code qui définit la matrice B suivante et l'affiche à l'écran :

$$\mathbf{B} = - \begin{pmatrix} N & N\text{-}1 & N\text{-}2 & \cdots & \cdots & 2 & 1 \\ N\text{-}1 & N\text{-}1 & N\text{-}2 & \cdots & \cdots & 2 & 1 \\ N\text{-}2 & N\text{-}2 & N\text{-}2 & \cdots & \cdots & 2 & 1 \\ \vdots & \vdots & \vdots & \ddots & \cdots & 2 & 1 \\ \vdots & \vdots & \vdots & \vdots & \ddots & 2 & 1 \\ 2 & 2 & 2 & 2 & 2 & 2 & 1 \\ 1 & 1 & 1 & 1 & 1 & 1 & 1 \end{pmatrix}$$

FIGURE 6.1 – Bira_ND-Matrice [5]

3. La matrice B est-elle inversible ? Si oui, trouver son inverse.

Bibliographie

[1] Niklaus Wirth : "**Algorithms and Data Structures**", Prentice Hall, 1986, ISBN 0-13-022005-1.

[2] Henning Mittelbach : "**Programmierkurs TURBO-PASCAL Version 7.0**", Stuttgart : Teubner, 1995, ISBN 3-519-02986-3.

[3] Wilfried Gawehn : " **ANSI C - Turbo C : Eine vollständige Einführung einschliesslich der Turbo C-Grafik und der C-Bibliothek**", B.I. Wissenschaftsverlag, Mannheim, Wien, Zürich, 1989, ISBN 3-411-14211-1.

[4] Brian W. Kernighan, Dennis M. Ritchie : "**The C Programming Language : ANSI C Version (2nd Edition)**", Prentice Hall PTR, Upper Sadddle River, New Jersey, 1988, ISBN 10 : 0131103709, ISBN 13 : 9780131103627.

[5] Gueye S. Bira, Talla Kharouna, Mbow Cheikh : " **Solution of 1D Poisson Equation with Neumann-Dirichlet and Dirichlet-Neumann Boundary Conditions, Using the Finite Difference Method** ", Journal of Electromagnetic Analysis and Applications, Vol. 6, 2014, pp. 309-318. http ://dx.doi.org/10.4236/jemaa.2014.610030.

Chapitre 7

Types de Données Structurés

Dans ce chapitre, des types structurés de données très importants sont présentés. D'abord, il est montré comment un programmeur définit son propre type de données. Ensuite, les types **Énumération**, **Intervalle**, **Ensemble** et **Chaîne de Caractères** sont traités. Enfin, le type **Enregistrement ou Structure (Record)**, qui correspond au plus haut niveau d'encapsulation en programmation impérative (procédurale), est présenté de manière très détaillée.

7.1 Définition d'un Nouveau Type de Données

Nous avons déjà vu les différentes parties d'un programme : la tête du programme, la partie négociation et le programme principal. Dans la partie négociation ou entente, des constantes peuvent être définies et des variables peuvent être déclarées. Dans cette partie aussi, de nouveaux types peuvent être définis par le programmeur. La définition des constantes est introduite par le mot-clé **Constante** (**Const**). La déclaration des variables est introduite par **Variable** (**Var**). La définition d'un type, quant à elle, est introduite par le mot-clé **Type**. Nous remarquons qu'un type est défini et non déclaré. Aussi, la définition des types précède, logiquement, la déclaration des variables.

7.2 Le Type Énuméré, Énumération

7.2.1 Définition

Considérons l'exemple de définition du type suivant, et de la déclaration d'une donnée de ce type :

Type

JourDeLaSemaine = (Lun, Mar, Mer, Jeu, Ven, Sam, Dim)

Variable

Jour : JourDeLaSemaine

Un nouveau type de données dénommé **JourDeLaSemaine** est défini. Cette définition est faite en énumérant les valeurs que peut prendre une donnée de ce type. La variable **Jour**, qui est de type **JourDeLaSemaine**, ne peut prendre que l'une des valeurs énumérées, citées en extension dans la définition du type **JourDeLaSemaine**. Donc, dans le programme principal, l'affectation suivante est autorisée :

Jour := Mer

Définition

Le type énuméré est défini, en donnant, en citant, en énumérant, en extension, les valeurs que peuvent prendre une donnée de ce type.

Exemple :

Type

PointCardinal = (Est, Ouest, Nord, Sud)

Variable

Direction : PointCardinal

La variable **Direction** est, ici, un point cardinal : elle est de type **PointCardinal**. Donc, elle ne pourra prendre que l'une des valeurs citées en extension dans la définition du type **PointCardinal**.

Syntaxe

La définition d'un type énuméré d'identifiant T suit la syntaxe suivante :

Type

T = ($\mathrm{C_1}$, $\mathrm{C_2}$,$\cdots$, $\mathrm{C_i}$,$\cdots$, $\mathrm{C_N}$)

Où les C_i sont des identifiants constants, de type T. Toutes les valeurs énumérées dans la définition du type T sont des constantes de ce type.

Le Type Énuméré est Ordonné

Le type énuméré est ordonné. Les valeurs constantes C_i données en extension au cours de la définition du type T suivent un ordre. À C_1 correspond l'ordre 0, l'ordre de C_2 est 1. De manière générale, l'ordre de la constante C_i est $(i-1)$.

7.2.2 Opérateurs, Opérations

Comme vu précédemment avec les caractères, les opérateurs suivants sont aussi définis pour une donnée X de type T : **ORD()**, **PRED()**, **SUCC()**, **T()**.
ORD(X) donne l'ordre de X. Pour une variable X, de type T, dont la valeur

est C_i, **ORD**(X) est l'entier positif (i-1).
PRED(X) est le prédécesseur de X. Si la valeur affectée à X est C_i, alors le **PRED**(X) équivaut à C_{i-1}. Évidemment, une variable de type T, à laquelle on a affecté la valeur C_1, n'a pas de prédécesseur. Car C_1 est la première valeur énumérée dans la définition de T. Chercher le prédécesseur de C_1 entraîne une erreur au cours de l'exécution (run-time error).
SUCC(X) est le successeur de X. Si la valeur affectée à X est C_i, alors le **SUCC**(X) équivaut à C_{i+1}. Naturellement, si la valeur de X est C_N, alors X n'a pas de successeur. Car C_N est la dernière valeur énumérée dans la définition du type T. Chercher le successeur de C_N entraîne un run-time-error.
Pour un entier compris entre 1 et N, T(i) est la donnée de type T d'ordre i : $T(i) = C_{i+1}$.
En plus des opérateurs précédents, les opérateurs d'incrémentation **INC()** et de décrémentation **DEC()** sont implémentés dans certains langages de programmation.
Les opérateurs de comparaison sont aussi utilisés, pour les données d'un type énuméré T : $>$, $\geq$, $<$, $\leq$, $==$, $\neq$.
Le pseudo-programme suivant, illustre l'utilisation de ces opérateurs

Programme OperationTypeEnum

Type

JourDeLaSemaine = (Lun, Mar, Mer, Jeu, Ven, Sam, Dim)

Variable

Jour1, Jour2, Jour_x : JourDeLaSemaine

i : entier

test : booléen

Début

Jour1 := Mer ; Jour2 := Lun

i := 5 ; Jour_x := **JourDeLaSemaine**(i) { T(i) : Jour_x ≡ Samedi }

Jour2 := **SUCC**(Jour_x) { Jour2 devient Dimanche }

Jour1 := **PRED**(Jour2) { Jour1 devient Samedi }

i := **ORD**(Jour2) { i devient 6 }

test := (Jour2 ≤ Jour_x) { test est FAUX }

Fin

Remarque :

Une question intéressante qui peut être posée est : Combien de bits sont nécessaires, en mémoire, pour stocker une variable de type énumération ? Il est surprenant de constater qu'une donnée de ce type occupe 32 bits en mémoire, alors que 8 bits suffisent pour mémoriser un caractère. Donc, le programmeur est tenu de prendre cela en compte, afin de gérer la mémoire de manière efficiente .

7.3 Le Type Intervalle Ordinal (Subrange)

7.3.1 Exemple

Le type intervalle ordinal est illustré de manière très simple, à l'aide de l'exemple suivant :

Type

JourDuMois = 1 **..** 31

Mois = 1 **..** 12

LettreMajuscule = 'A' **..** 'Z'

LettreMinuscule = 'a' **..** 'z'

Chiffre = 0 **..** 9

Le premier type défini, **JourDuMois**, est l'intervalle d'entiers allant de 1 à 31. Donc, une donnée de type **JourDuMois** est un entier dont la valeur est dans cet intervalle.
Le deuxième type, **Mois**, est l'intervalle d'entiers de 1 à 12. Donc, une donnée de type **Mois** sera un entier positif non nul et inférieur ou égal à 12.
Une Variable de type **LettreMajuscule** est un caractère majuscule, car l'intervalle 'A'..'Z' est celui des lettres majuscules. Une lettre minuscule pourra être considérée comme une donnée de type **LettreMinuscule**.
Les chiffres du système décimal pourront être considérés comme des données de type **Chiffre**, car appartenant à l'intervalle 0..9.

7.3.2 Syntaxe

La définition d'un type intervalle suit la syntaxe ci-après :

Type

NomDuType = $\mathbf{Const_1}$ **..** $\mathbf{Const_2}$

Où $\mathbf{Const_1}$ et $\mathbf{Const_2}$ sont des constantes de même type énumérable (NomDuType). Donc, elles ne peuvent pas être de type réel, a priori.

7.4 Sous-Ensemble (Set)

7.4.1 Exemple

La notion d'ensemble et de sous-ensemble est abordée, à l'aide de cet exemple ci-dessous :

Programme TypeSousEnsemble

Type

Mois = 1 **..** 12

Trimestre = **Sous-Ensemble de** Mois { Set Of mois }

Semestre = **Sous-Ensemble de** Mois

Var

Trim1, Trim2, Trim3, Trim4 : Trimestre

Sem1, Sem2 : Semestre

Début

Trim1 := [1,2,3] ; Trim2 := [4,5,6] { 1er et 2e Trimestres }

Trim3 := [7..9] ; Trim4 := [10,11,12] { 3e et 4e Trimestres }

Sem1 := Trim1+Trim2 { 1er Semestre : Trim1 ∪ Trim2}

Sem2 := [7..9, 10, 11..12] { 2e Semestre}

Fin

Nous rappelons qu'un sous-ensemble est lui-même un ensemble. Ici, après avoir défini le type **Mois** qui est un intervalle ordinal, les types **Trimestre** et **Semestre** sont définis comme des sous-ensembles de **Mois**. Cela signifie qu'une donnée de type **Trimestre** ou **Semestre** est un ensemble dont tous les éléments sont pris dans l'intervalle **Mois**.
L'affectation Trim1 := [1,2,3] équivaut à Trim1 = { 1, 2, 3 }.
Les affectations Trim2 := [4,5,6], Trim3 := [7..9], Trim4 := [10,11,12] et Sem2 := [7..9, 10, 11..12] signifient respectivement Trim2 = { 4, 5, 6 }, Trim3 = { 7, 8, 9 }, Trim4 = { 10, 11, 12 } et Sem2 = { 7, 8, 9 ,10, 11, 12 }.
Avec l'instruction Sem1 := Trim1+Trim2, l'union des deux ensembles Trim1 et Trim2 est affectée à la variable Sem1 : Sem1 = Trim1 ∪ Trim2 = { 1, 2, 3 ,4, 5, 6 }.

7.4.2 Syntaxe

La syntaxe de définition d'un type sous-ensemble est la suivante :
Type

NomDeType = **Sous-Ensemble de** Type Ordinal

NomDeType est l'identifiant du sous-ensemble qui est défini comme partie (sous-ensemble) d'un autre ensemble : **Type Ordinal**.

Exemple :

Programme Exemple_d_Ensembles

Type

EnsembleDePremiers = **Sous-Ensemble d'**entier

EnsembleDeCaracteres = **Sous-Ensemble de** caractère

Var

A, B : EnsembleDePremiers

C, D : EnsembleDeCaracteres

Début

A := [2,3,5,7] ; B := [13,23,37,41]

C := ['a','b','m','c'] ; D := ['Z','p']

Fin

En résumé, le programmeur peut définir un type sous-ensemble, qui est une partie d'un type ordinal de base (entier, caractère, booléen) ou une partie d'un type ordinal qu'il a défini lui-même : intervalle ou énumération.

Syntaxe en *Pascal*

La syntaxe, en *Pascal*, pour la définition d'un type sous-ensemble, est la suivante :

Type

NomDeType = **Set Of** Ordinal Type

7.4.3 Opérateurs d'Ensemble

Les opérations usuelles sur les ensembles sont valables en algorithmique et programmation :

— L'**Appartenance** : $(x \in A)$ est l'expression booléenne qui est vraie si et seulement si x est un élément de l'ensemble A.

— L'**Union** de deux ensembles A et B est l'ensemble, noté $A \cup B$ ou $A + B$, qui regroupe les éléments de A et ceux de B.

— L'**Intersection** de deux ensembles A et B est l'ensemble, noté $A \cap B$ ou $A * B$, qui regroupe les éléments appartenant aussi bien à A qu'à B.

— La **Différence** de deux ensembles A et B, notée $A \setminus B$ ou $A - B$, est l'ensemble des éléments de A qui n'appartiennent pas à B.

— L'**Inclusion** d'un ensemble A dans un ensemble B, notée $A \subseteq B$ ou $A \leq B$, est l'expression logique qui est vraie si et seulement si tout élément de A appartient à B.

— L'**Extension** : l'ensemble B est une extension ou un sur-ensemble de A si et seulement si A est inclus dans B. $B \supseteq A$ ou $B \geq A$ est l'expression logique qui est vraie si et seulement si l'ensemble A est inclus dans B. On dit alors que B contient A.

— L'**Égalité** : A == B est l'expression logique qui est vraie si et seulement si l'ensemble A est égal à l'ensemble B. Cela signifie que tout élément de A appartient à B et tout élément de B appartient à A. L'expression logique $A \neq B$ est la négation de $A == B$.

Opérateur	Opération
$\in$, **in**	**Appartenance**
$\cup$, $+$	**Union**
$\cap$, $*$	**Intersection**
$\setminus$, -	**Différence**
$\subseteq$, $(<=)$	**Inclusion**
$\supseteq$, $(>=)$	**Contient**
$=$, $==$	**Égalité**
$\neq$, $!=$, $<>$	**N'est pas Égal**

TABLE 7.1 – Opérateurs d'Ensemble

Le tableau 7.1 résume les opérateurs des sous-ensembles.

7.5 Les Chaînes de Caractères (String)

7.5.1 Définition, Déclaration

Considérons le mot *Maths*. Nous pouvons le concevoir comme une juxtaposition de caractères ASCII suivants : 'M', 'a', 't', 'h' et 's'. Donc, le mot *Maths* est la concaténation de ces caractères.
Une autre approche consisterait à considérer le mot *Maths* comme un tableau **Tab** de cinq (5) caractères avec : **Tab**[1]= 'M', **Tab**[2]= 'a', **Tab**[3]= 't', **Tab**[4]= 'h' et **Tab**[5]= 's'. Nous obtenons ainsi un tableau, une chaîne de caractères : un **string**.
Une chaîne de caractères peut être déclarée de la manière suivante :

Variable

Identifiant : chaîne[N]

Ce qui correspond, en *Pascal*, à :

Var

Identifiant : string[N]

Exemple :

Dans la partie de déclaration des variables, nous pouvons avoir Nom : chaîne[5] ; et faire l'affectation suivante Nom := 'Maths', dans le programme principal. Avec cette forme de déclaration d'un string, où un entier N constant est donné entre crochets, l'identifiant est déclaré comme une chaîne de caractères dont la longueur est inférieure ou égale à N. Donc, nous pouvions bien déclarer *Nom* de type chaîne[10] et lui affecter un string de cinq (5) caractères. Seulement, avec cette déclaration (N+1) Bytes sont utilisés pour enregistrer, en mémoire, la variable de type string[N]. Le premier Byte (octet) sert à mémoriser la longueur actuelle de la chaîne de caractères. N est une constante entière et ne dépasse

pas 255. Il y a aussi la possibilité de déclarer une chaîne sans lui donner une longueur maximale de manière explicite.
Les exemples suivants illustrent la déclaration et l'affectation de chaînes de caractères :

Variable

Nom : chaîne[15]

Prenom : chaîne[20]

Adresse : chaîne

Titre : chaîne[4]

Avec les affectations suivantes, dans le programme principal :

Nom := 'Mandela' ; Prenom := 'Nelson' ; Titre := 'Me'

Adresse := '27 Paarl, Cap-Occidental, Afrique du Sud'

7.5.2 Opérateurs de Strings

Nous allons aborder, ici, quelques opérateurs usuels pour les strings : les opérateurs de comparaison, la concaténation et l'opérateur **strlen** (srting length) qui permet d'obtenir la longueur d'un string :

Comparaison $<, \leq, >, \geq, ==$

Considérons les chaînes de caractères suivantes 'Dakar' et 'Danemark'. Nous allons les comparer, en nous intéressant à la valeur de vérité de l'expression logique ('Dakar' $\leq$ 'Danemark'). Cette expression est traitée caractère par caractère : la comparaison se fait lettre par lettre. Commençant par la première lettre qui est la même pour les deux string, nous passons au caractère suivant qui est aussi le même pour les deux chaînes. La troisième lettre de chacun des deux strings est différente de celle de l'autre ; et selon l'ordre des caractères **ASCII**, 'k' est inférieur à 'n'. Donc, 'Dakar' est inférieur à 'Danemark' et l'expression logique ('Dakar' $<$ 'Danemark') est vraie.
Nous pouvons ainsi retenir que la comparaison de deux strings se fait caractère-caractère suivant l'ordre donné par le code **ASCII**.

Concaténation

Nous avons déjà vu la concaténation de caractères. Elle existe aussi pour les chaînes de caractères :

Exemple :

'Informatique' + '-' + 'Télécoms' = 'Informatique-Télécoms'
L'opérateur de concaténation + permet de faire la juxtaposition de chaînes de caractères. Le résultat de la concaténation des trois strings précédents est la chaîne de caractères 'Informatique-Télécoms'.

Longueur d'une chaîne, strlen

Certains langages de programmation possèdent un opérateur qui permet de déterminer la longueur d'un string (string length, strlen()).

7.6 Les Enregistrements ou Structures (Record)

7.6.1 Définition d'une Structure

Considérons le cas de traitement de données d'étudiants. Les attributs suivants suffisent pour décrire un étudiant : son nom, son prénom, son numéro de matricule et sa moyenne.

Etudiant

Nom
Prénom
Matricule
Moyenne

Nous avons la possibilité, en algorithmique et programmation, de définir un type structuré **Étudiant**. Une donnée de type **Étudiant** contient des composants, des attributs, qui ne sont pas forcément de même type. Donc, nous pouvons dire qu'**Étudiant** est un type structuré hétérogène, car regroupant des données de types différents : **Étudiant** est un **Enregistrement**, une **Structure**, un **Record**.
L'entité Étudiant, avec ses attributs, peut être modélisée comme un type de données pouvant être défini de la manière suivante :

Type
  Étudiant = **Enregistrement**
  Début
    Nom : chaîne[15] ;
    Prénom : chaîne[25] ;
    Matricule : entier ;
    Moyenne : réel ;
  Fin ;

Dans cette définition, le mot-clé **Enregistrement** pouvait être remplacé par **Structure**.
De manière générale, une structure (un enregistrement) est définie de la manière suivante :

Type
  NomDeLaStructure = **Structure**

Début

Element_1 : TypeElement_1 ;

Element_2 : TypeElement_2 ;

⋮ : ⋮ ;

Element_n : TypeElement_n ;

Fin ;

En *Pascal*, la définition d'un enregistrement obéit à la syntaxe suivante :

Type

NonDuRecord = **Record**

Element_1 : TypeElement_1 ;

Element_2 : TypeElement_2 ;

⋮ : ⋮ ;

Element_n : TypeElement_n ;

End ;

On remarque qu'il n'y a pas de mot-clé **Begin** dans la définition d'un record, en *Pascal*.

7.6.2 Accès aux Éléments d'un Enregistrement

Considérons, maintenant, une variable de type **Étudiant**, déclarée de la manière suivante :

Variable

Etd1 : **Étudiant**

On accède aux éléments de la variable Etd1 à l'aide de l'opérateur d'accès qui est l'opérateur *Point* : •
Ainsi, **Etd1.Nom** désigne le nom de l'étudiant Etd1, **Etd1.Prénom** est son prénom, **Etd1.Matricule** est son numéro de matricule et **Etd1.Moyenne** est sa moyenne.
Les affectations suivantes peuvent être faites, dans le corps du programme :
Etd1.Nom := 'Zuse' ; Etd1.Prénom := 'Conrad' ; Etd1.Matricule := 13408 ; Etd1.Moyenne := 14.5 ;

7.6.3 Applications Diverses

Nous présentons ci-dessous un exemple d'application où nous allons faire une liste de N=10 étudiants, à l'aide d'un tableau à une dimension.

Programme Vecteur_d_Etudiants

Type

Étudiant = **Enregistrement**

Début

```
    Nom : chaîne[15] ;
    Prénom : chaîne[25] ;
    Matricule : entier ;
    Moyenne : réel ;
  Fin ;
Constante
    N = 10
Variable
    i : entier
    Liste_d_Etudiants : Tableau[1..N] d'Étudiant
Début
   Pour i := 1 à N Faire
     Afficher('Donnez le Nom et Prénom de l'Etudiant', i)
     Saisir(Liste_d_Etudiants[i].Nom, Liste_d_Etudiants[i].Prénom)
     Afficher(Liste_d_Etudiants[i].Nom, Liste_d_Etudiants[i].Prénom)
     Afficher('Donnez le Matricule et la Moyenne de l'Etudiant', i)
     Saisir(Liste_d_Etudiants[i].Matricule, Liste_d_Etudiants[i].Moyenne)
     Afficher(Liste_d_Etudiants[i].Matricule, Liste_d_Etudiants[i].Moyenne)
   Fin Pour
Fin
```

Les éléments de cette liste sont lus de manière interactive et affichés.
Le type record ou enregistrement ou structure constitue le plus grand degré d'encapsulation de données pour ce qui s'agit de la programmation impérative non orientée-objet. Il permet de modéliser beaucoup d'entités dans le domaine des sciences et techniques. Il permet de modéliser un point dans l'espace ayant comme attribut ses coordonnées x, y et z. Il permet de modéliser des particules ayant une masse, une charge, une vitesse, etc. Il permet également de modéliser un milieu avec des propriétés comme la perméabilité, la permittivité, la conductivité, la porosité, etc.

7.7 Conclusion

Ce chapitre a traité des types de données structurées. Le type qui permet d'encapsuler, d'englober plusieurs éléments de types différents est le record ou enregistrement, qui est un type structuré hétérogène. Les autres types : l'énumération, l'intervalle ordinal, le sous-ensemble sont aussi très importants, car permettant de modéliser des grandeurs scientifiques et techniques.

7.8 Exercices

1. M. Talla est un professeur de Mécanique, il modélise des points matériels comme des entités ayant des coordonnées cartésiennes x, y, z ; une masse m ; et une vitesse v. Écrire pour ce brave monsieur, un programme qui lit un tableau de N=1000 points matériels, de manière interactive. Puis, ce code source calculera et affichera les attributs du point matériel moyen. Le point matériel moyen est celui qui possède les coordonnées moyennes, de même que la masse et la vitesse moyennes. Le programme sera écrit en langage *Pascal*.
2. Que permet de faire le type de données **Record**, en sciences et techniques ? Donner des exemples.
3. Comparer les types de données **Enregistrement** et **Tableau**.

Bibliographie

[1] Niklaus Wirth : "**Algorithms and Data Structures**", Prentice Hall, 1986, ISBN 0-13-022005-1.

[2] Henning Mittelbach : "**Programmierkurs TURBO-PASCAL Version 7.0**", Stuttgart : Teubner, 1995, ISBN 3-519-02986-3.

[3] Wilfried Gawehn : " **ANSI C - Turbo C : Eine vollständige Einführung einschliesslich der Turbo C-Grafik und der C-Bibliothek**", B.I. Wissenschaftsverlag, Mannheim, Wien, Zürich, 1989, ISBN 3-411-14211-1.

[4] Brian W. Kernighan, Dennis M. Ritchie : "**The C Programming Language : ANSI C Version (2nd Edition)**", Prentice Hall PTR, Upper Sadddle River, New Jersey, 1988, ISBN 10 : 0131103709, ISBN 13 : 9780131103627.

Chapitre 8

Sous-Programmes : Fonctions et Procédures

Un programme peut être décomposé, subdivisé, en sous-programmes dont chacun effectue une tache bien définie. Toutes les parties d'un programme peuvent se trouver dans un sous-programme : entête, définition de type, définition de constante, déclaration de variable, etc. Nous distinguons deux sortes de sous-programmes : la fonction et la procédure.

8.1 Fonctions

8.1.1 Introduction

La notion de fonction nous est connue des mathématiques. Considérons la fonction f suivante :

$$\begin{array}{l} f : \mathbb{N} \rightarrow \mathbb{R} \\ n \longmapsto f(n) = \frac{2\,n-3}{n^2+1} \end{array}$$

L'ensemble de départ de la fonction f est $\mathbb{N}$ et son ensemble d'arrivée est $\mathbb{R}$. Nous pouvons dire que f est une fonction d'entiers n et qu'elle délivre un résultat $f(n)$ qui est un réel . L'entier n est une variable entière, c'est un argument, un paramètre, une donnée d'entrée de type entier, de la fonction f.

8.1.2 Déclaration et Définition d'une Fonction

Déclaration d'une Fonction

Une fonction est déclarée de la manière suivante :
Fonction NomFonction (Paramètres : TypeParamètre) **:** TypeFonction

Ceci est une instruction déclarant le sous-programme d'identifiant **NomFonction** comme une fonction ayant comme argument **Paramètre** qui est de type **TypeParamètre**. Le signe deux-point après les parenthèses signifie *est*

de type. Donc, ici, la fonction **NomFonction** est de type **TypeFonction**.
Prenons l'exemple de notre fonction f, elle peut être déclarée de la manière suivante :
Fonction f (n : Entier) **:** Réel

La fonction ayant pour nom f est déclarée. Elle prend un argument d'entrée de type entier. Elle retourne, elle renvoie, elle donne un résultat réel. Cela veut dire que $f(n)$ est de type réel.
L'argument n est un **paramètre formel**. c'est-à-dire son appellation importe peu. On aurait pu l'appeler u ou t, etc.
Cette déclaration a donné le format du sous-programme f.
C'est quelle sorte de sous-programme ? Une fonction. Il prend quel argument ? Un entier. Il retourne quel résultat ? Un réel.
Nous avons ainsi le **Déclarateur** (declarator) du sous-programme f. Déclarer le sous-programme f revient à donner son déclarateur : son format.
Nous pouvons avoir le cas d'une fonction à plusieurs variables. Alors, sa déclaration se fait de la manière suivante :
Fonction NomFonction (P1 : T1, P2 : T2, ...) **:** TypeFonction

Au lieu d'un seul argument, nous avons une liste de paramètres P_i de type T_i. Également, une fonction peut ne pas avoir d'argument. Dans ce cas, elle est déclarée de la manière suivante :
Fonction NomFonction **:** TypeFonction

ou

Fonction NomFonction ( ) **:** TypeFonction

Définition d'une Fonction

Définir une fonction revient à donner ce qu'elle fait, c'est-à-dire à donner les instructions permettant de calculer sa valeur. La définition d'une fonction se fait selon la syntaxe suivante :

Fonction NomFonction (P1 : T1, P2 : T2, ...) **:** TypeFonction
Type
Constante
Variable
Début
    ....
    NomFonction := $\cdots$
Fin ;

Toutes les parties d'un programme peuvent être présentes dans une fonction. La tête (ou l'entête) de la fonction est donnée par son déclarateur. La partie négociation n'est pas obligatoire. Mais dans la partie des instructions du sous-programme, on a au moins une commande d'affectation de la fonction (**NomFonction :=** $\cdots$). C'est cette instruction qui permet de calculer la valeur retournée par la fonction.
Exemple :

Fonction f (n : Entier) **:** Réel
Début
    f := (2∗n-3)/(n∗n+1)
Fin ;

Dans l'affection **f := (2∗n-3)/(n∗n+1)**, le terme f est la valeur de la fonction f pour l'argument n. Donc, dans cette affectation f est équivalent à $f(n)$.
En *Pascal*, une fonction est définie, dans la partie négociation, de la manière suivante :

Function NomFonction (P1 : T1 ; P2 : T2 ; ...) **:** TypeFonction ;
Type
Const
Var
Begin
    ....
    NomFonction := ···
End ;

Exercice d'Application

Écrivons un programme qui lit le rayon d'un cercle, puis calcule et affiche son périmètre. Une fonction sera utilisée.

Analyse :

Nous pouvons définir une fonction *Périmètre* qui prend comme argument un réel, puis retourne le périmètre qui est aussi un réel. Ce dernier est calculé de manière très simple : $2 * \pi * rayon$. Le programme suivant, en pseudo-code est proposé :

Programme Cercle_avec_Fonction
Variable
    r, p : réel   { Variables Globales }
Fonction Périmètre (x : réel) **:** réel   { Définition de la fonction }
Constante
    PI = 3.14   { Constante Locale }
Début
    Périmètre := 2 ∗ PI ∗ x
Fin ;   { Fin de la Fonction }
Début   { Début Programme Principal }
    Afficher('Donnez le rayon r svp')
    Saisir(r)
    p := Périmètre(r)   { Appel de la Fonction }

Afficher('Le périmètre est : ', p)

Fin { Fin Programme Principal }

<u>**Commentaires**</u> :

Ce programme est simple et très instructif. Il contient un sous-programme qui est une fonction de réels et qui retourne (renvoie) une valeur réelle. Son paramètre formel a pour identifiant x.
Nous avons deux variables globales r et p. Car celles-ci sont déclarées dans le programme et non dans la fonction. r désigne le rayon et p désigne le périmètre qui est calculé à l'aide de la fonction **Périmètre(x)**. La constante PI est définie dans le sous-programme : c'est une constante locale et non globale. Elle est normalement inconnue en dehors de la fonction.
Dans le programme principal, après la saisie interactive du rayon r, le périmètre est calculé avec l'affectation **p := Périmètre(r)** : la valeur réelle **Périmètre(r)** est affectée à p. Donc, ici, la fonction ayant pour identifiant Périmètre, définie dans la partie négociation, a été appelée avec la valeur de l'argument actuel r, lue à partir du clavier. L'expression **Périmètre(r)** dans la partie des instructions est un **Appel** (**Call**) de la fonction **Périmètre()**. Cette dernière est appelée et la valeur de l'argument actuel lui est transmise : on a un **Appel par Valeur**, un **Call-by-value**.

8.2 Procédures

Déclaration et Définition d'une Procédure

Une procédure est un sous-programme qui fait un traitement et ne retourne pas, ne renvoie pas, une valeur ; contrairement à une fonction. Elle est déclarée de la manière suivante :
Procédure NomProcédure **(** Paramètre1 : Type1, Paramètre2 : Type2... **)**

La ligne précédente est le déclarateur de la procédure ayant pour identifiant **NomProcédure**. Une procédure peut avoir un paramètre ou une liste de paramètres. Elle peut aussi ne pas en avoir. Dans ce cas, elle est déclarée de la manière suivante :
Procédure NomProcédure

ou

Procédure NomProcédure **( )**

Sa définition est analogique à celle de la fonction :

Procédure NomProcédure **(** Paramètre1 : Type1, Paramètre2 : Type2... **)**
Type
Constante
Variable
Début
....
Fin ;

En langage *Pascal*, une procédure est définie de la manière suivante :

Procedure NomProcédure (Paramètre1 : Type1 ; Paramètre2 : Type2...) ;
Type
Const
Var
Begin
....
End ;

Exercice d'Application

Nous avons, ci-dessous, un programme qui lit un réel et l'affiche de très belle maniìere, à l'aide d'une procédure.

Programme ExempleDeProcedure
Variable
x_1 : réel { Variables Globales }
Procédure BelAffichage (x : réel) { Définition de la procédure }
Début
Afficher ('********************')
Afficher ('******', x , '*******')
Afficher ('********************')
Fin ; { Fin de la Procédure }
Début
Afficher('Donnez un réel svp')
Saisir(x_1)
BelAffichage(x_1) { Appel de la Fonction }
Fin

<u>**Commentaires**</u> :

Dans cet algorithme écrit en pseudo-langage, une procédure d'identifiant **BelAffichage**, ayant le déclarateur **Procédure** BelAffichage (x : réel), est définie. Cette dernière fera un bel affichage d'une variable globale x_1, lue à l'écran. L'instruction **BelAffichage**(x_1), dans le programme principal, est un appel, un Call de la procédure **BelAffichage** avec la valeur de l'argument actuel x_1 : on a un call-by-value.
Il ressort une différence fondamentale entre la fonction et la procédure :
Périmètre(r) est un nombre réel alors que **BelAffichage**(x_1) n'est pas un nombre ! **BelAffichage**(x_1) est un traitement, une procédure et non une valeur d'un type donné.

8.3 Appel d'un Sous-Programme : Call-by-Value, Call-by-Reference

Nous allons considérer une procédure qui permet de permuter deux variables réelles x et y; de sorte que la valeur de x devienne celle de y, vice versa. Cette procédure a un grand intérêt pratique et est implémentée dans certaines bibliothèques de langage de programmation.

Analyse :

Considérons deux variables x et y auxquelles sont affectées respectivement les valeurs 3,54 et -10,47 :

x := 3,54
y := -10,47

On serait tenté de faire la permutation de la manière suivante :

x := y
y := x

Mais dans ce cas, on aurait :

x := -10,47
y := -10,47

Car avec la première instruction **(x := y)**, nous changeons la valeur de x qui devient -10,47. Et avec la deuxième instruction **(y := x)**, nous affectons à y la valeur de x qui est -10,47, et donc la valeur de la variable y reste inchangée.
Ce problème peut être résolu de manière simple, à l'aide d'une troisième variable que l'on peut appeler **temp**. Cette dernière va nous permettre de sauvegarder, temporairement, la valeur initiale de x, avant la permutation qui se fait de la manière suivante :

temp := x
x := y
y := temp

La variable **temp** nous a aidé à retenir, à mémoriser la valeur initiale de la variable x.
Nous allons implémenter, d'abord, la procédure **Permuter** avec des paramètres transmis par valeur.

8.3.1 Call-by-Value

Ce programme est une implémentation en *Pascal* de la procédure **Permuter**

```
Program Permuter;

Var
   x1, y1 : real;
```

```
Procedure Permuter(x: real; y:real);
Var
 temp : real;

Begin
   temp := x;
   x    := y;
   y    := temp;
   Writeln('x = ', x, ' de la procedure Permuter');
   Writeln('y = ', y, ' de la Procedure Permuter');
End;

Begin

   x1 := 3.54;
   y1 := -10.47;

   Writeln('x1 = ', x1,' du Programme Principal, initialement');
   Writeln('y1 = ', y1,' du Programme Principal, initialement');

   Permuter(x1, y1);

   Writeln('x1 = ', x1,' du Prog. Principal, apres Permutation');
   Writeln('y1 = ', y1,' du Prog. Principal, apres Permutation');

End.
```

Ce programme, après avoir affecté aux variables x1 et y1 leur valeur correspondante, appelle la procédure **Permuter** en lui transmettant les valeurs des arguments respectifs. À la suite de ce *call* dans le programme principal, les valeurs de x1 et y1 sont affichées à l'écran. Le résultat de l'exécution est le suivant :

```
x1 =  3.54000000000000E+000 du Programme Principal, initialement
y1 = -1.04700000000000E+001 du Programme Principal, initialement
x = -1.04700000000000E+001 de la procedure Permuter
y =  3.54000000000000E+000 de la Procedure Permuter
x1 =  3.54000000000000E+000 du Prog. Principal, apres Permutation
y1 = -1.04700000000000E+001 du Prog. Principal, apres Permutation
```

Nous pouvons remarquer, qu'après la permutation, les valeurs de x1 et y1 n'ont pas changé. Donc, la permutation n'a pas d'effet dans la suite du programme. Elle a été faite au niveau de la procédure, mais les variables n'ont pas été permutées de manière définitive, parce qu'un call-by-value, un appel par valeur, a été utilisé. Donc, c'est les valeurs de x1 et y1 qui ont été permutées, et non les variables elles-mêmes. La méthode qui permet de permuter ces dernières est un appel par référence, un call-by-reference.

8.3.2 Call-by-Reference

Un call-by-reference est réalisé de manière très simple, dans le déclarateur du sous-programme considéré. Nous avions, jusqu'ici, le déclarateur suivant pour la procédure **Permuter(x : real, y : real)**. Ce format de la procédure considère les valeurs des paramètres formels réels x et y. Mais en agissant sur les références des paramètres, qui sont en fait leur adresse, le traitement se fera sur les variables elles-mêmes et pas seulement sur leur valeur. Ainsi, une variable pourra être modifiée par un sous-programme utilisant sa référence, son adresse. Il est clair que si les adresses sont permutées, les valeurs le seront aussi et les variables le seront pour de bon. Pour une variable x donnée, sa référence, son adresse, est désignée par **@x** ou **&x** ou **var x**, etc. ; selon les langages de programmation. En *Pascal*, le déclarateur de notre procédure peut être changé de la manière suivante : **Permuter(var x : real, var y : real)**, afin que ses appels soient des call-by-reference. Avec ce changement simple, de la ligne 6 du programme-listing précédent, nous obtenons, à l'exécution, le résultat suivant :

```
x1 =  3.54000000000000E+000  du Programme Principal, initialement
y1 = -1.04700000000000E+001  du Programme Principal, initialement
x = -1.04700000000000E+001 de la procedure Permuter
y =  3.54000000000000E+000 de la Procedure Permuter
x1 = -1.04700000000000E+001 du Prog. Principal, apres Permutation
y1 =  3.54000000000000E+000 du Prog. Principal, apres Permutation
```

On remarque que la permutation des variables x1 et y1 est effective.

8.4 Scope : Données Globales, Données Locales

Le **scope** d'une donnée est son domaine de validité, son domaine d'appartenance.
Considérons un programme qui contient un sous-programme. Les données qui sont définies ou déclarées dans le sous-programme sont dites locales et les autres globales. Que se passe-t-il si la même donnée est définie ou déclarée dans le sous-programme et aussi en dehors de ce dernier ? Afin de répondre à cette question, nous considérerons l'exemple suivant :

```
Program Scope;        {Domaine de Validite}

Const
  N = 120;        {Constante Globale}
Var
  i : integer;    {Variable Globale}

Procedure  f ;      {Procedure f sans parametre}
Const
  N = 50;        {Constante Locale}
Var
   i : integer;  {Variable Locale}
```

```
13 Begin
14    i:= 23;
15    Writeln('i local est: ', i);
16    Writeln('N local est: ', N);
17 End;
18
19 Begin                      {Debut Programme Principal}
20    i:=10;
21    Writeln('i global est: ', i);
22    Writeln('N global est: ', N);
23    f;
24 End.
```

Comme il peut être constaté, dans le programme-listing ci-dessus, une constante globale N est définie et une variable globale i est déclarée. Dans la procédure f, une constante locale dénommée N est aussi définie et une variable d'identifiant i est déclarée localement.
Dans le programme principal i désigne la variable globale et N la constante globale. Lorsque la procédure f est appelée (ligne 23), les données locales sont affichées. Le résultat de l'exécution de ce programme est présenté ci-dessous :

```
i global est: 10
N global est: 120
i local est: 23
N local est: 50
```

Nous conseillons d'éviter de donner le même nom à des données différentes. S'il s'avère nécessaire de le faire, le programmeur doit bien prendre en compte leur domaine de validité.

Transformation d'une Fonction en Procédure

Une fonction dont le déclarateur est :
Fonction NomFonction **(** P1 : T1,... **) :** TypeFonction
peut être transformée en procédure de format
Procédure NomFonction (P1 : T1,..., & Résultat : TypeFonction)
; vice versa. **Résultat** est une variable qui est transmise par référence et qui enregistre la valeur que devait renvoyer la fonction **NomFonction**. Il est clair que certains ajustements d'instructions de la fonction peuvent s'avérer nécessaires pour que la procédure puisse enregistrer correctement la bonne valeur dans la variable **Résultat**.

8.5 Récursion, Récursivité

8.5.1 Fonction Récursive

Fonction Factorielle

Nous considérons la fonction factorielle définie par récurrence :

$$\begin{cases} 0\,! = 1 \\ n\,! = n \times (n-1)\,!\,, \quad n \geq 1 \end{cases}$$

Nous pouvons écrire un programme qui calcule et affiche la factorielle d'un entier positif quelconque lu au clavier. Dans ce programme nous allons implémenter la fonction factorielle comme un sous-programme **Fac**.

Analyse :

Cette définition par récurrence de la fonction factorielle considère deux cas : $n = 0$ et $n \geq 1$. Pour le premier cas, la factorielle est connue et est égale à 1. Pour le second cas, la factorielle de n n'est pas connue directement mais se calcule à partir de la factorielle du précédent de n : $(n-1)$. Puisqu'on a deux cas, un branchement conditionnel pourra être utilisé. Notre fonction **Fac**, qui est définie pour des entiers, prendra un argument de type entier. Puisque la factorielle d'un entier elle-même est un entier, notre fonction va renvoyer, va retourner, une valeur entière. Nous avons le déclarateur
Fac(n : entier) : entier ; et le programme suivant :

```
1  Program FactorielleRecursion;
2  Var
3    n1 : integer;
4  Function Fac(n: integer):integer;
5  Begin
6     If n = 0 Then
7       Fac := 1
8     Else
9       Fac := n*Fac(n-1);
10 End;
11 Begin
12   Writeln('Donnez un entier n svp');
13   Readln(n1);
14   Writeln('n ! = ', Fac(n1));
15 End.
```

Ici, la ligne 9 du programme-listing précédent est la plus importante, avec l'instruction **Fac := n∗Fac(n-1)**. Cette dernière correspond au cas où n est supérieur ou égal à 1 et que $n\,! = n \times (n-1)\,!$. Donc, l'instruction de la ligne 9 est l'affectation de $n * Fac(n-1)$ à **Fac**, qui est en fait la factorielle de l'argument actuel n : $Fac(n)$. Il est aussi très important de souligner que dans cette ligne, nous avons un appel, un call de la fonction **Fac**. Il est à remarquer

que la fonction s'auto-appelle, afin de calculer sa valeur pour l'argument n : nous avons une **fonction récursive**. La caractéristique d'un sous-programme récursif est qu'il s'auto-appelle dans la partie de sa définition.
Il est très important de souligner que seule la valeur de $Fac(0)$ est connue directement. Toutes les autres valeurs seront déterminées à partir d'elle.
Considérons le cas où, à l'exécution, la valeur 5 est saisie pour $n1$, et que la fonction **Fac** est appelée avec $Fac(n1)$, pour l'affichage. Alors, il se passe ce qui suit :
L'argument actuel est 5 (n=5). Puisque ce dernier est différent de 0, l'instruction de la partie NON de la condition est exécutée : $Fac := n * Fac(n-1)$; ce qui correspond, à cette étape, à $Fac(5) := 5 * Fac(4)$. Dans cette instruction, $Fac(n-1)$ est encore un appel de la fonction **Fac** avec l'argument (n=4) qui est différent de zéro, et donc la commande $Fac := n*Fac(n-1)$ correspondant à $Fac(4) := 4 * Fac(3)$ est exécutée. Ensuite, les instructions correspondant à $Fac(3) := 3*Fac(2)$, $Fac(2) := 2*Fac(1)$ et $Fac(1) := 1*Fac(0)$ sont exécutées successivement. Avec l'appel $Fac(0)$ de la dernière instruction, la partie OUI de la condition est exécutée et la valeur 1 est renvoyée. Ainsi, la factorielle de 5 est calculée de la manière suivante : 5∗Fac(4), 5∗4∗Fac(3), 5∗4∗3∗Fac(2), 5∗4∗3∗2∗Fac(1), 5∗4∗3∗2∗1∗Fac(0), 5∗4∗3∗2∗1∗1.
Son calcul nécessite 6 appels de la fonction **Fac** avec les arguments successifs : 5, 4, 3, 2, 1, 0.

Fonction de Fibonacci

Nous nous intéressons ici aux nombres de Fibonacci F(n) qui sont calculés de la manière suivante :

$$\begin{cases} F(0) = 0 \\ F(1) = 1 \\ F(n) = F(n-1) + F(n-2), \quad n \geq 2 \end{cases}$$

D'après cette définition, nous avons trois cas. Ces derniers peuvent être traités avec des conditions Si, mais il nous semble plus élégant d'utiliser la structure algorithmique $Choix$.
Nous présentons ci-dessous, un programme, en langage *Pascal*, qui utilise une fonction récursive permettant de calculer le nombre de Fibonacci pour un entier quelconque.

```
Program FibonacciRecurrence;    {Calcul du nombre de Fibonacci}
Var
  n1 : integer;
Function Fibonacci(n: integer):integer;
Begin
   Case (n) of
      0:  Fibonacci := 0;
      1:  Fibonacci := 1;
   Else
      Fibonacci := Fibonacci(n-1) + Fibonacci(n-2);
```

```
    End;
End;
Begin
  Writeln('Donnez un entier n svp');
  Readln(n1);
  Writeln('F(n) = ', Fibonacci(n1));
End.
```

Il faut souligner que le nombre d'appels de la fonction **Fibonacci(n)** croît très rapidement avec n. Déjà, pour n=20, elle sera appelée 21891 fois ; ce qui rend son calcul très lent.

8.5.2 Procédure Récursive

Procédure Factorielle Récursive

Maintenant, nous varions le type de sous-programme et présentons le calcul de la factorielle à l'aide d'une procédure.

```
Program FactorielleRecurrence;  {Factorielle avec Procedure}
Var
  n1 , factorielle_n1 : integer;
Procedure Fac(n: integer;  var resultat:integer);
Begin
   If n = 0 Then
     resultat := 1
   Else
   Begin
      Fac(n-1, resultat);
      resultat := n*resultat;
   End;
End;
Begin
  Writeln('Donnez un entier n svp');
  Readln(n1);
  Fac(n1, factorielle_n1);
  Writeln('n ! = ',  factorielle_n1);
End.
```

En fait, cette procédure est une version modifiée de notre fonction **Fac** présentée plus haut. Le résultat est enregistré dans la variable **resultat** transmise par référence (call by reference), alors que la variable n est, quant à elle, transmise par valeur (call-by-value).

8.6 Données Aléatoires, Random, Randomize

Le programmeur a besoin, pour résoudre certains problèmes, d'utiliser des sous-programmes permettant de générer des valeurs aléatoires. Ces derniers peuvent être très utiles dans les domaines suivants : probabilités, statistiques, mathématiques, physique, télécommunications, cryptologie, etc. Les langages de programmation prévoient des tools permettant de générer des valeurs au hasard. Parmi ces outils, il y a les sous-programmes **random**, **random(n)** et **randomize** :

- **random** est une fonction qui délivre un nombre réel, positif ou nul, strictement inférieur à 1. Pour une variable x de type réel, l'instruction **x := random** permet d'affecter à x une valeur au hasard telle que : $0 \leq x < 1$.
- Pour un entier n tel que $n > 1$, **random(n)** est une fonction qui génère un entier aléatoire appartenant à l'intervalle de valeurs entières [0, n-1]. Donc, pour un entier i, l'instruction **i := random(5)**, affecte à la variable i une des valeurs suivantes : 0,1,2,3,4. C'est-à-dire : $0 \leq i \leq 4$.
- **randomize** permet de varier la valeur générée par **random** ou **random(n)** ; à chaque exécution du programme.

Le programme, dont le listing est présenté ci-dessous, génère une série aléatoire de N=10 entiers naturels, strictement inférieurs à 100.

```
1  Program SerieAleatoire;
2  Const
3     N  = 10;
4  Var
5    Tab :  Array [1..N] of integer;
6    i   : integer;
7  Begin
8    Randomize;
9    For i := 1 To N Do
10   Begin
11     Tab[i] := Random(100);
12   End;
13 End.
```

Ce code court, permet aussi de générer des séquences aléatoires de bits ; ce qui peut être très utile en télécommunications ou en cryptologie. Pour cela, il suffit de remplacer, à la ligne 11, **random(100)** par **random(2)**.

8.7 Exercices et Applications

Coefficients Binomiaux, Triangle de Pascal

Le lecteur pourra s'épanouir, en concevant un programme qui permet de calculer les coefficients binomiaux définis comme suit :

$$\begin{cases} C_n^0 = C_n^n = 1 \\ C_{n+1}^{k+1} = C_n^k + C_n^{k+1}, \quad n > k > 0 \end{cases}$$

Il pourra éventuellement afficher des Triangles de Pascal.

Les Sous-Routines de Décalage Shift : Shl(), Shr()

Certains compilateurs ont des sous-routines de décalage (**shift**) de tableaux. Il s'agit du décalage à gauche (**shift left, shl()**) et du décalage à droite (**shift right, shr()**). Pour le cas où le compilateur utilisé ne possède pas ces outils, le programmeur est tenu de concevoir des propres sous-programmes de décalage.

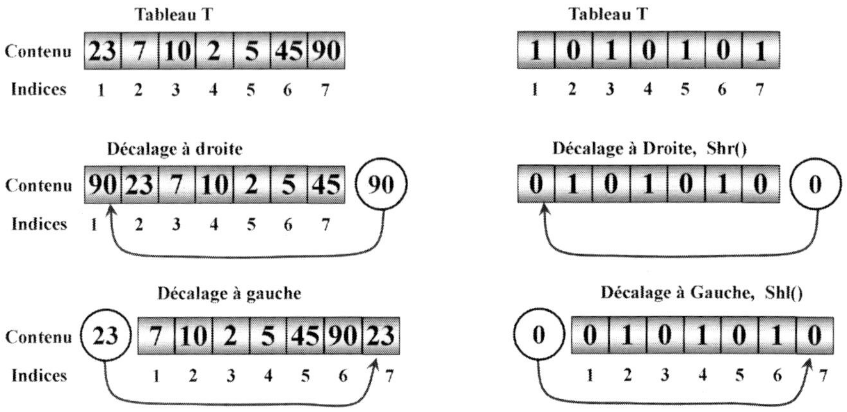

FIGURE 8.1 – Décalage, Shift : shl() & shr()

Shift_Left(), Shl() : Décalage à Gauche

Le principe de décalage, à gauche, d'un tableau **T** de domaine d'indices [**1..N**], est simple. Pour chaque i tel que $1 \leq i < N - 1$, il suffit de faire l'affectation suivante :

T[**i**] := **T**[**i**+**1**].

L'élément **T**[**N**] est traité de manière particulière selon deux philosophies. La valeur zéro peut lui être affectée tout comme la valeur d'indice **1** dans le tableau initial. Nous avons choisi, ici, la deuxième variante, comme le montre l'image dans la figure 8.1.

La procédure, écrite en *Pascal*, dont le listing est présenté ci-dessous, est une élégante implémentation du décalage à gauche d'un tableau.

```
Procedure Decaler_A_Gauche(var T : Tableau);
Var
 i : integer;
 x    : integer;
Begin
   x := T[1];
   For i := 1 To N-1 Do
   Begin
     T[i] := T[i+1];
   End;
   T[N] := x;
End;
```

Shift_Right(), Shr() : Décalage à Droite

Pour décaler à droite le tableau **T**, il suffit, pour $2 < i \leq N$, de faire l'affectation suivante :
T[i] := T[i-1].
L'élément **T[1]** bénéficie d'un traitement particulier, selon deux approches. Nous pouvons lui attribuer la valeur zéro ou la valeur d'indice **N** dans le tableau initial. Nous préférons, ici, la deuxième approche qui est illustrée dans la figure 8.1.
La procédure au listing suivant est celle d'un décalage à droite d'un tableau.

```
Procedure Decaler_A_Droite(var T : Tableau);
Var
 i : integer;
 x     : integer;
Begin
   x := T[N];
   For i := N Downto 2 Do
   Begin
     T[i] := T[i-1];
   End;
   T[1] := x;
End;
```

Tours de Hanoï

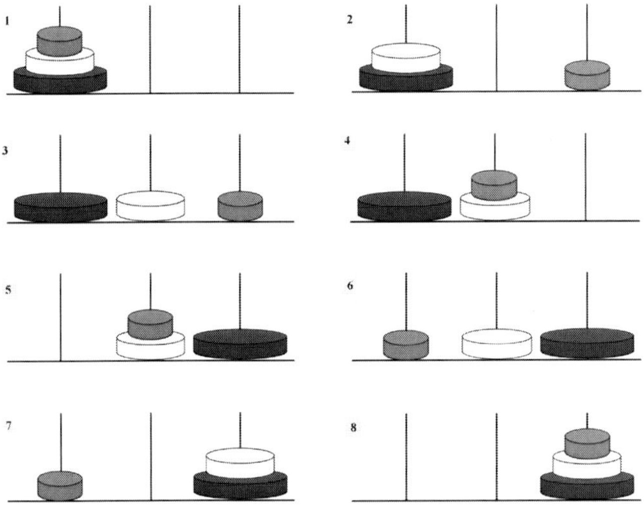

FIGURE 8.2 – Tours de Hanoï

Le problème des tours de Hanoï est très célèbre en informatique surtout en programmation. Il consiste à déplacer des anneaux, d'une tour vers une autre, par le biais d'une tour intermédiaire. Une règle y est observée : un anneau ne doit pas être au dessus d'un autre de dimension plus petite. Le processus de transfert des anneaux est illustré dans la figure 8.2.

Nous laissons au lecteur le soin de faire un peu de recherche, de trouver un modèle et de proposer une solution à ce fascinant problème, en utilisant un algorithme récursif.

8.8 Conclusion

Nous avions jusqu'ici utilisé les instructions comme **Lire**(Paramètres,...), **Ecrire**(Paramètres,...), **Afficher**(Paramètres,...), **Saisir**(Paramètres,...), **CHAR**(), **ORD**(), **SUCC**(), **PRED**(), etc. Nous ne nous sommes pas posé la question de savoir d'où viennent ces commandes. En fait, ces dernières sont des sous-programmes implémentés dans les bibliothèques standard des langages de programmation. Certaines d'entre elles sont des fonctions et d'autres des procédures. Une autre question intéressante peut être posée : le Programme, lui, est-il une fonction ou une procédure ? La réponse n'est pas facile car les approches des langages de programmation sont différentes. En *Pascal*, le programme est une procédure. En *C* ou *C++*, le programme est une fonction, tous les sous-programmes sont aussi des fonctions : il n'y a pas de procédure. Pour ces deux langages, il n'existe pas de manière explicite le mot-clé procédure, mais il y a un type **void** auquel on peut donner la signification **rien**. Ainsi un programmeur peut implémenter une procédure en la considérant comme une fonction qui renvoie **un rien** (un void).
Les sous-programmes sont aussi appelés **subroutines**, **sous-routines**, **routines**, **primitives**, **méthodes**, etc.
Nous retiendrons, ici, la récursion qui est une technique élégante et simple à implémenter. Seulement, son exécution peut être coûteuse en temps, à cause des nombreux appels qu'elle peut générer.

Bibliographie

[1] Niklaus Wirth : "**Algorithms and Data Structures**", Prentice Hall, 1986, ISBN 0-13-022005-1.

[2] Henning Mittelbach : "**Programmierkurs TURBO-PASCAL Version 7.0**", Stuttgart : Teubner, 1995, ISBN 3-519-02986-3.

[3] Wilfried Gawehn : " **ANSI C - Turbo C : Eine vollständige Einführung einschliesslich der Turbo C-Grafik und der C-Bibliothek**", B.I. Wissenschaftsverlag, Mannheim, Wien, Zürich, 1989, ISBN 3-411-14211-1.

[4] Brian W. Kernighan, Dennis M. Ritchie : "**The C Programming Language : ANSI C Version (2nd Edition)**", Prentice Hall PTR, Upper Sadddle River, New Jersey, 1988, ISBN 10 : 0131103709, ISBN 13 : 9780131103627.

Chapitre 9

Le Type Fichier (File Handling)

En algorithmique et programmation, il existe, entre autres types de données, le type fichier (**file**). La manipulation de variables de ce type (File Handling) permet de stocker des informations dans des fichiers ou d'exploiter les données qui y sont enregistrées. Ce chapitre s'intéresse aux fichiers externes. Il présente leurs traitements usuels et pratiques.

9.1 Types de Fichiers

Nous pouvons avoir un fichier de caractères, un fichier de réels, un fichier d'entiers, un fichier de booléens ou un fichier d'enregistrements (structures) définis par le programmeur. Nous pouvons aussi avoir un fichier texte (text-file) qui est très pratique en sciences et techniques.
Selon la méthode d'accès à ses éléments, nous distinguons deux catégories de fichiers : fichiers à accès séquentiel et fichiers à accès direct. Pour ce dernier type, l'accès à un élément quelconque est direct. Il suffit de repérer sa position. Par contre, l'accès à un élément d'un fichier séquentiel nécessite le parcours de toutes les données qui le précèdent, une après une.

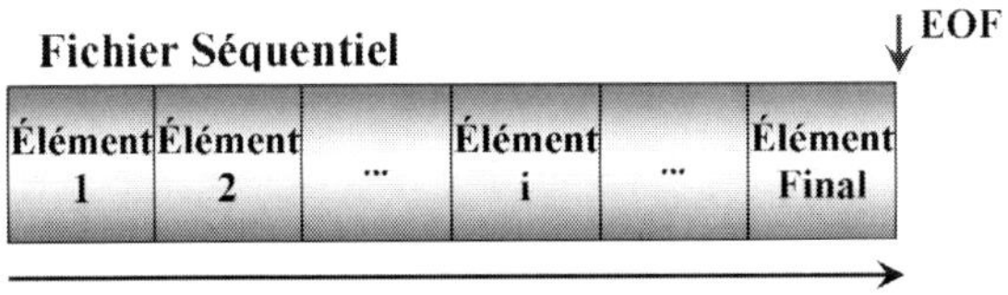

FIGURE 9.1 – Fichier Séquentiel

La figure 9.1 représente un fichier séquentiel. La flèche en bas de la figure montre le sens de parcours des éléments et celle verticale désigne la fin du fichier (End Of File (EOF)).

9.2 Généralités sur les Traitements de Fichiers

Nous allons considérer les traitements suivants sur les fichiers :

1. Déclaration d'un Fichier
2. Assignation d'un Fichier (**Assign()**)
3. Ouverture d'un Fichier et Écriture dans un Fichier (Mode Écriture) (**Rewrite()**)
4. Fermeture d'un Fichier (**Close()**)
5. Ouverture d'un Fichier Existant et Lecture d'un Fichier (en Mode Lecture) et la notion de Fin-Fichier (**End Of File**, **EOF()**)
6. Ajout à un Fichier, Extension d'un Fichier **Append()**
7. Renommage d'un Fichier **Rename()**
8. Suppression d'un Fichier **Erase()**

9.3 Déclaration d'un Fichier

Nous distinguons trois (3) formes de déclaration d'un fichier :

9.3.1 Fichier d'un Type de Données, File Of

Un fichier ou une variable de type fichier est déclaré de la manière suivante :
NomFichier : **Fichier de** Type

Le mode d'accès peut être précisé mais nous allons considérer, par défaut, qu'il s'agit d'un fichier à accès séquentiel.

Exemple :

Monfichier : **Fichier d'**entier

Avec cette instruction, la variable dénommée **Monfichier** est déclarée comme étant de type **Fichier** (**File**). Toutes les données, tous les éléments qui s'y trouvent sont des entiers.
Un fichier déclaré de la sorte ressemble d'une certaine manière à un tableau. Car c'est un type structuré de données et homogène : tous ses éléments sont de même type. Seulement, le nombre de ses éléments n'est pas connu à sa déclaration. Ce nombre, et par conséquent, la taille du fichier, sont sensés augmenter lors de l'exécution du programme. Un autre point de différence est que le tableau est un type de données à accès direct, alors qu'un fichier peut avoir un accès différent.

Un fichier d'enregistrements peut être aussi déclaré, après définition de la structure ou du record :

Type
Étudiant = **Enregistrement**

Début

Nom : chaîne[15] ;

Prénom : chaîne[25] ;

Matricule : entier ;

Moyenne : réel ;

Fin ;

Variable

MonFichier : **Fichier d'**Étudiant

En *Pascal*, un tel fichier est déclaré de la manière suivante :
NomFichier : **File Of** Type

9.3.2 Fichier-Texte , Text-File (Text)

Ce type de fichier est très important en sciences et technique. Il offre une très grande portabilité, car pouvant être traité aisément par les éditeurs de texte. Il permet d'exploiter des données de mesures faites au laboratoire. Car beaucoup d'appareils de mesures permettent d'enregistrer les données dans ce format. Un Fichier-Texte permet de faire l'analyse, l'interpolation, la représentation graphique de résultats numériques ou expérimentaux, à l'aide d'un ploteur.
Sa déclaration est simple :
NomFichier : **Fichier-Texte**

En *Pascal*, il est déclaré comme suit :
NomFichier : **Text**

9.3.3 Le Type File

Un fichier peut être déclaré comme fichier, sans spécification du type des éléments qui y sont contenus. Il est déclaré de la manière suivante :
NomFichier : **Fichier**

; et en *Pascal* :
NomFichier : **File**

Ce type est utile lorsque la nature des éléments du fichier traité n'est pas connue. Il est adéquat, aussi, dans le cas où des fichiers sont copiés, renommés ou supprimés.

9.4 Assignation d'un Fichier

L'assignation vient d'une traduction anglaise du mot **assignment** qui, lui-même, vient du verbe **to assign** qui signifie affecter. Donc, l'assignation d'un fichier **NomFichier** est son affectation. Elle consiste à affecter, à la variable **NomFichier**, un fichier (concret) ayant une existence physique et un emplacement bien connu. Voici un exemple d'assignation de la variable **MonFichier**. Le fichier **Resultat.txt** se trouvant dans le répertoire **MonDossier** contenu dans **C :**, lui est assigné :

Assigner(MonFichier, '**C** : **MonDossier****Resultat.txt**')

Après cette assignation, la variable **MonFichier** désigne le fichier **Resultat.txt**. Dans cet exemple, le chemin du fichier assigné à la variable est : '**C** : **MonDossier****Resultat.txt**'. On remarque que c'est un string, une chaîne de caractères, permettant de repérer l'emplacement du fichier considéré. Le nom de ce dernier mérite d'être analysé. En fait, il est composé de trois choses : **Resultat**, **point (.)** et **txt**. Il a la forme suivante : **Nom.Extension**. L'extension est un suffixe qui est en général composé de trois lettres et qui renvoie à la nature du fichier : **txt** pour un fichier-texte, **exe** ou **com** pour des fichiers exécutables, etc. Elle n'est pas obligatoire, ici.
De manière générale, une variable de type fichier est assignée de la manière suivante :

Assigner(NomFichier, '**C** : \\ $\cdots$ **Nom.Extension**')

Cela suppose que le fichier affecté à la variable soit enregistré dans **C :**. Mais le programmeur peut préciser le médium de stockage (ou la partition) dans lequel il souhaite enregistrer son fichier.
Le chemin peut ne pas être précisé.

Assigner(NomFichier, **Nom.Extension**)

Dans ce cas, le fichier **Nom.Extension** sera enregistré dans le répertoire actuel, là où se trouve le programme, le code source.
Sous Linux, un fichier est assigné de la manière suivante :

Assigner(NomFichier, '/ $\cdots$ /**Nom.Extension**')

L'assignation d'un fichier doit précéder son utilisation. Il faut souligner que le programme ne traite que la variable **NomFichier**. Toutes les instructions, dans le code source, son adressées directement à cette variable et non au fichier physique **Nom.extension**.

9.5 Créer un Fichier Vide, Réécriture (Rewrite)

On peut assigner un fichier **Nom.extension**, jusque là inexistant, à une variable **NomFichier**, déclarée dans un programme comme étant de type fichier. Alors, le fichier assigné peut être créé (physiquement) et ouvert en mode écriture (pour y écrire). Cela se fait avec la commande **Réécrire**(Nomfichier) (**Rewrite**(NomFichier)) ; dans le programme principal. Cette commande peut être aussi utilisée, lorsque le fichier assigné existe déjà. Son contenu précédent sera, alors, effacé.
Nous pouvons dire que le fichier assigné est créé avec l'instruction **Réécrire** qui efface tout fichier déjà existant ayant le même nom. Cette commande est une ouverture du fichier ainsi créé en mode écriture. Nous pouvons également dire que c'est une ouverture de ce fichier en mode réécriture.
Une fois que le fichier est créé et ouvert en mode écriture, un élément peut y être écrit, avec l'instruction suivante : **Écrire**(NomFichier, élément) ou avec **Afficher**(NomFichier, élément). La commande **Afficher**() ou **Écrire**() ne nous

est pas étrangère. Son premier paramètre, ici, est une variable de type fichier, **NomFichier**. Cela signifie que l'écriture sera faite dans le fichier assigné à cette variable : **Nom.extension**.

9.6 Fermer un Fichier, Close()

Il est de règle de fermer un fichier, après l'avoir traité. La commande **Fermer**() (**Close**()) est utilisée à cette fin.
Nous présentons un programme, écrit en pseudo-code, qui illustre de manière simple l'utilisation des traitements sur les fichiers :

Programme AffichageBonjourFichierExterne

Variable

MonFichier : Fichier Text

i : entier

Début

Assigner(MonFichier, **'C : \MonDossier\Salutations**.**txt'**)

Réécrire(MonFichier)

Pour i := 1 **à** 5 **Faire**

Afficher(MonFichier, 'Bonjour')

Fin Pour

Fermer(MonFichier)

Fin

Ce programme reprend celui de l'affichage, à l'écran, de la chaîne de caractères 'Bonjour', à l'aide d'une boucle *Pour*, comme vu au chapitre 5. Seulement, ici, l'affichage est fait dans le fichier **Salutations.txt**, de chemin **'C : \MonDossier\Salutations**.**txt'** et qui a été assigné à la variable nommée **MonFichier**, de type Fichier-Texte. Pour chaque parcours de la boucle, le message 'Bonjour' sera affiché sur une ligne. Lorsque le compteur *i* atteint la valeur 5, l'itération s'arrête et l'instruction suivante est la fermeture du fichier : **Fermer**(MonFichier).
Nous pouvons dire de manière générale que le traitement d'un fichier suit les étapes suivantes : **Déclaration**, **Assignation**, **Traitement**, **Fermeture**.

9.7 Lecture d'un Fichier, Reset() et EOF()

Après l'assignation d'un fichier **NomFichier**, on peut l'ouvrir en **mode lecture**, pour éventuellement y lire des éléments. Cette ouverture se fait avec **Reset**(NomFichier) ou **Ouvrir**(NomFichier, **Mode**=Lecture).
La lecture pourra toujours se faire, aussi longtemps que la fin du fichier n'est pas attteinte. À cet effet, il existe la fonction **FinFichier**() ou **EOF**() : **End Of**

File. Cette dernière retourne, renvoie, un booléen. **FinFichier**(NomFichier) (**EOF**(NomFichier)) est VRAI, lorsque la fin du fichier est atteinte, et FAUX dans le cas contraire. L'expression booléenne **NON Finfichier**() (**NOT EOF**()) est sa négation logique.
Maintenant nous allons présenter un exemple de programme, en pseudo-code, illustrant la lecture d'un fichier contenant des moyennes annuelles de classe. Ces dernières seront lues à partir d'un fichier les contenant et seront affichées à l'écran.

Programme LectureFichier

Variable

MonFichier : Fichier de réel

Moyenne : réel

Début

Assigner(MonFichier, **'C : \MonDossier\MoyennesDeClasse'**)

Ouvrir(MonFichier, **Mode**=Lecture)

Tant Que (**NON FinFichier**(MonFichier)) **Faire**

Lire(MonFichier, Moyenne)

Afficher(Moyenne)

Fin Tant Que

Fermer(MonFichier)

Fin

Cet algorithme en pseudo-langage peut être implémenté d'une manière très simple en *Pascal*.
La variable **MonFichier** y a été déclarée comme un fichier contenant des éléments qui sont tous des réels. Une variable **Moyenne** y est aussi déclarée, nous permettant de mémoriser, de sauvegarder, à chaque fois, la moyenne lue, et de l'afficher à l'écran. Les moyennes contenues dans le fichier **MoyennesDeClasse** sont lues de manière séquentielle : une après une, de la première à la dernière.
Lire(MonFichier, Moyenne) est l'instruction qui permet de lire la moyenne actuelle, en cours, et de la sauvegarder dans la variable **Moyenne**. L'instruction **Afficher**(Moyenne) permet de l'afficher à l'écran.
Après son ouverture en mode lecture, le fichier est parcouru du premier au dernier élément qui marque la fin du fichier. Après la lecture du dernier élément, **FinFichier**(MonFichier) est VRAI, **NON FinFichier**(MonFichier) est FAUX ; et la boucle s'arrête.
Enfin, le fichier est fermé avec la commande **Fermer**(MonFichier).

9.8 Écriture, Ajout dans un Fichier, Append()

Le programmeur peut ouvrir un fichier déjà existant en mode écriture, pour y ajouter des éléments. La commande utilisée à cet effet est :
Ouvrir(NomFichier, **Mode**=Ajout) ou **Ajouter**(NomFichier) .

Elle correspond, en *Pascal*, à **Append**(NomFichier). Avec cette instruction, les éléments qui se trouvaient dans le fichier sont conservés et chaque nouvelle entrée est ajoutée à la fin du fichier. Donc, dans le cas où on souhaite ajouter des données dans un fichier existant, en lieu place de **Réécrire**(NomFichier), on met **Ouvrir**(NomFichier, **Mode**=Ajout) ou **Ajouter**(NomFichier).

9.9 Renommer, Supprimer un Fichier Externe, Rename() et Erase()

Un fichier déjà assigné peut être renommé. Par exemple, une variable assignée de la manière suivante :
Assigner(NomFichier, '**C** : \ ··· **Nom1**.**Extension1**') ;
peut être renommée comme suit :
Renommer(NomFichier, '**C** : \ ··· **Nom2**.**Extension2**') .
Le renommage d'un fichier, se fait, en *Pascal*, avec la procédure **Rename**().
L'instruction **Supprimer**(NomFichier) permet de supprimer un fichier. Elle correspond , en *Pascal*, à **Erase**(NomFichier).
Le programme-listing suivant montre une utilisation simple de **Rename()** et **Erase()**.

```
1  Program Rename_Et_Erase;
2  Var
3    MonFichier : text;
4  Begin
5    Assign(MonFichier, 'Resultat_1.txt');
6    Rewrite(MonFichier);
7    Writeln(MonFichier, 'Bonjour');
8    Close(MonFichier);
9    Rename(MonFichier, 'Resultat_2.txt');
10   {Erase(MonFichier);}
11 End.
```

La variable **MonFichier** est déclarée comme Fichier-Texte (ligne 3). Le fichier 'Resultat_1.txt', qui se trouve dans le répertoire actuel, lui est assigné (ligne 5). Puis, il est ouvert en mode réécriture (ligne 6) et le message 'Bonjour' y est écrit (ligne 7). Ensuite, il est fermé (ligne 8). Enfin, il est renommé (ligne 9). À l'exécution, seul, le fichier 'Resultat_2.txt' sera créé et il contiendra le message 'Bonjour'. 'Resultat_1.txt' n'existera pas dans le répertoire actuel.
Lorsque les signes de commentaires de la ligne 10 sont enlevés, aucun des deux fichiers ne sera créé.

9.10 Application : Fichier de Plot

Nous montrons, ici, comment on fait une représentation graphique (plot) d'une fonction, à l'aide d'un fichier externe.

La figure 9.2 illustre bien le principe de plot d'une fonction f(x) sur un intervalle [0, a]. Chaque point de la courbe représentative est un couple $(x_i, f(x_i))$.

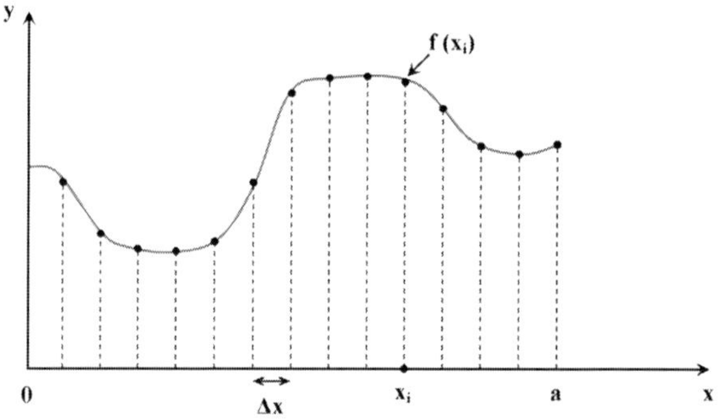

FIGURE 9.2 – Plot d'une Fonction

Puisque l'ordinateur, ne peut représenter qu'un nombre fini de points, la courbe de f ne peut pas être obtenue de manière exacte. Par contre, elle peut être approchée, à l'aide de points distants de $\Delta \mathrm{x}$.
Considérons la fonction gaussienne suivante :

$$f(x) = e^{-2(x-x_m)^2} , \tag{9.1}$$

sur l'intervalle [0, a], avec $a = 3.5$, $\mathrm{x_m} = 1.75$ et $\Delta\mathrm{x} = \frac{\mathrm{a}}{\mathrm{N}}$; où $N = 100$. Pour tout point $\mathrm{x_i} = \mathrm{i} \cdot \Delta\mathrm{x}$, son image $\mathrm{f(x_i)}$ peut être calculée.
Nous pouvons écrire un programme qui détermine les couples $(\mathrm{x_i}, \mathrm{f(x_i)})$ et les enregistre dans un fichier externe. Ce dernier sera, ensuite, introduit dans un traceur de courbe (plotter) comme *gnuplot* ou *Plotmtv*; et sa représentation graphique sera obtenue.
Nous avons choisi, ici, une fonction gaussienne pour son importance en sciences et techniques. L'adjectif gaussien vient du nom du prince des mathématiciens : **Karl Friedrich Gauss (1777-1855)**. Gauß fut un mathématicien, physicien, astronome et géodésien allemand. Un gaussien permet de modéliser un bit. Les gaussiens constituent des fonctions propres de la transformation de Fourier et présentent un grand intérêt pour les mathématiques, la physique, la chimie, les télécommunications, etc.
Nous avons écrit un programme permettant d'obtenir le plot de la fonction gaussienne. Les valeurs de $\mathrm{x_i}$ et $\mathrm{f(x_i)}$ sont stockées dans un fichier : 'Gaussien.txt'.

```
Program Fichier_Externe_Plot;
Const
   N = 100; a = 3.5;
   xm = 1.75;
Var
  x, dx, fx : real;
  i : integer;
  MonFichier : text;
Begin
   Assign(MonFichier, 'Gaussien.txt');
   Rewrite(MonFichier);
```

```
    dx := a/N;
    For i:= 0 To N Do
    Begin
       x  := i*dx;
       fx := exp(-2*(x-xm)*(x-xm));
       writeln(MonFichier, x, fx);
    End;
    Close(MonFichier);
End.
```

Nous obtenons la superbe courbe en cloche suivante :

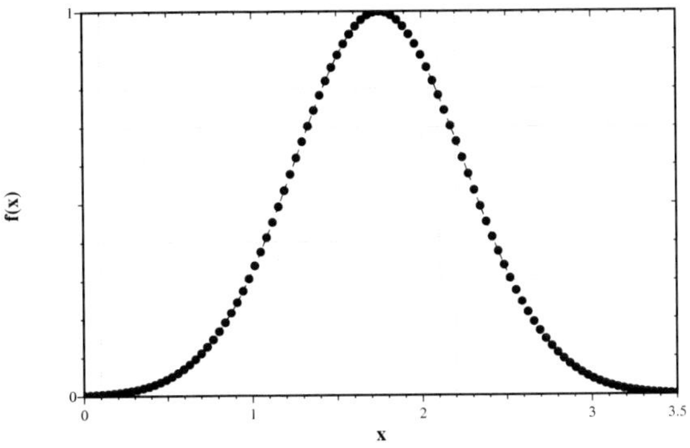

FIGURE 9.3 – Plot d'un Gaussien

9.11 Application : Séries de Fourier

Nous considérons la fonction rectangulaire périodique u(x), représentée dans la figure 9.4.

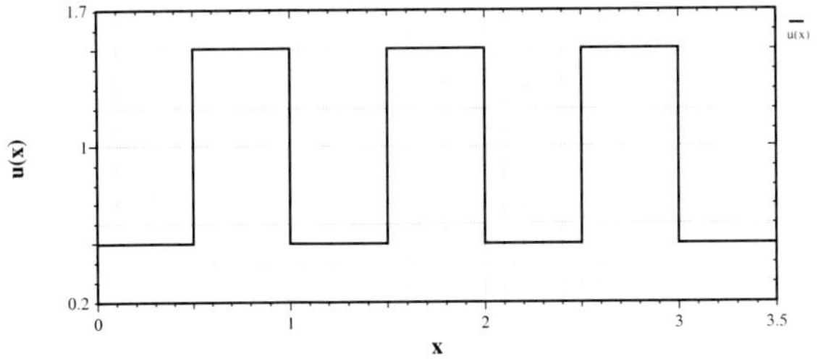

FIGURE 9.4 – Signal Rectangulaire

Ce signal digital, dont la période est égale à l'unité, peut être développé en série de Fourier :

$$u(x) = \frac{a_0}{2} + \sum_{n=1}^{\infty} [a_n cos(2n\pi x) + b_n sin(2n\pi x)] \ , \tag{9.2}$$

où les coefficients sont déterminés de la manière suivante :

$$a_n = 2 \int_0^1 u(x)\, cos(2n\pi x)\, dx \quad , \quad n = 0, 1, 2, ... \tag{9.3}$$

et

$$b_n = 2 \int_0^1 u(x)\, sin(2n\pi x)\, dx \quad , \quad n = 1, 2, ... \tag{9.4}$$

Nous obtenons alors, pour la fonction considérée :

$$u(x) = 1 - \frac{2}{\pi} \sum_{n=1,3,5}^{\infty} \frac{sin(2n\pi x)}{n} \; . \tag{9.5}$$

Cette formule, donnée par l'équation (9.5), peut être représentée graphiquement, en adaptant le listing précédent. Toutefois, la sommation ne pourra être faite que pour un nombre fini N_{max} d'harmoniques.
La figure 9.5 montre u(x) et son approximation v(x) pour $N_{max} = 3$.

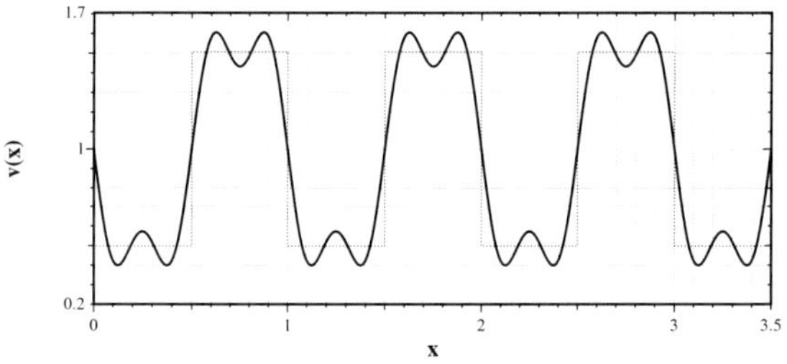

FIGURE 9.5 – Synthèse Fourier

Remarque : Le développement en série de Fourier, du nom du physicien et mathématicien français **Jean Baptiste Joseph Fourier (1768-1830)**, est un thème très important en maths, physique et ingénierie. L'analyse et la synthèse Fourier constituent des outils très bénéfiques, dans ces domaines.

9.12 Bibliothèques, Include, Uses, Programmes Externes

9.12.1 Include

Il est possible d'insérer le contenu d'un fichier extérieur, externe à un programme, avec la commande **Include**. La syntaxe utilisée est **{$Include 'NomDuFichier'}** ou **{$I 'NomDuFichier'}**. Le chemin du fichier externe peut également être donné.
Considérons un fichier, **MonFichierExterne.txt** qui contient les lignes suivantes :

```
Procedure TestParite(n: integer);
begin
   if ( (n mod 2) = 0 ) then
     writeln(n , ' est pair ')
   else
     writeln(n , ' est impair ')
end;
```

Ce fichier peut être importé dans un code source, **TestParite.pas** dont le listing est le suivant :

```
1 program TestDeParite;
2 var
3  m : integer;
4 {$Include MonFichierExterne.txt}
5 begin
6     m := 5;
7     TestParite(m);
8 end.
```

À la ligne 4, nous avons l'instruction d'importation du fichier externe **MonFichierExterne.txt** qui se trouve dans le même répertoire que le programme **TestParite.pas**. Donc, c'est comme si le fichier externe était intégralement inséré dans le code source, à la ligne 4. Nous obtenons, à l'exécution du programme, ce qui suit :

```
5 est impair
```

9.12.2 Uses

La commande **Uses** introduit l'importation d'une bibliothèque (**Unit** en *Pascal*). Nous présentons un programme qui importe la bibliothèque **CRT** qui permet, entre autres, d'écrire en couleur à l'écran. Son listing est le suivant :

```
1 Program UtilisationDeCRT;
2 Uses CRT;
3 Begin
4    ClrScr;
5    TextColor(Red);
6    Writeln('Justice Pour Tout le Monde !');
7    Writeln('Eradiquer le Racisme !');
8    TextColor(White);
9 End.
```

À la ligne 4, **ClrScr** permet d'effacer la fenêtre courante. La ligne 5 est l'instruction qui définit la couleur (rouge) des messages à afficher. La ligne 8 détermine la couleur des textes dans la fenêtre, après l'exécution du programme.

9.13 Conclusion

Ce chapitre a traité les fichiers externes. Il met un accent particulier sur ceux à accès séquentiel. N'empêche, tout ce qui a été décrit, ici, peut s'adapter aux fichiers à accès direct. Il suffit, pour chaque traitement, de repérer la position. L'instruction **Position(NomFichier, n)**, par exemple, permet d'accéder à l'élément **n** du fichier. En Pascal, il correspond à **Seek(NomFichier, n)**.

9.14 Exercices

1. Ecrire un programme, dans le langage de votre de choix, permettant de faire le plot de la fonction suivante :

$$f(x) = \frac{1}{\sigma\sqrt{2\pi}} e^{-\frac{(x-\bar{x})^2}{2\sigma^2}} \tag{9.6}$$

2. Étudiant est une entité avec les attributs suivants : Nom, Prénom, Matricule et Moyenne. M. Seck a saisi, par ordre alphabétique, **des** données de ses étudiants dans deux fichiers séparés : **FichEtd1** et **FichEtd2**. Développer un programme qui enregistre, par ordre alphabétique, dans un fichier **FichEtd3** :
   — La Réunion ou Fusion de **FichEtd1** et **FichEtd2**. C'est-à-dire l'ensemble des étudiants qui sont dans **FichEtd1** ou dans **FichEtd2**.
   — L'Intersection de **FichEtd1** et **FichEtd2**. C'est-à-dire l'ensemble des étudiants qui sont dans **FichEtd1** et dans **FichEtd2**.
   — La Différence de **FichEtd1** et **FichEtd2**. C'est-à-dire l'ensemble des étudiants qui sont dans **FichEtd1** et pas dans **FichEtd2**.

Bibliographie

[1] Niklaus Wirth : "**Algorithms and Data Structures**", Prentice Hall, 1986, ISBN 0-13-022005-1.

[2] Henning Mittelbach : "**Programmierkurs TURBO-PASCAL Version 7.0**", Stuttgart : Teubner, 1995, ISBN : 3-519-02986-3.

[3] Wilfried Gawehn : " **ANSI C - Turbo C : Eine vollständige Einführung einschliesslich der Turbo C-Grafik und der C-Bibliothek**", B.I. Wissenschaftsverlag, Mannheim, Wien, Zürich, 1989, ISBN : 3-411-14211-1.

[4] Brian W. Kernighan, Dennis M. Ritchie : "**The C Programming Language : ANSI C Version (2nd Edition)**", Prentice Hall PTR, Upper Sadddle River, New Jersey, 1988, ISBN 10 : 0131103709, ISBN 13 : 9780131103627.

[5] Dietrich Rabenstein : "**Fortran 90 Lehrbuch**", Carl Hanser Verlag München Wien, 1995, ISBN : 3-446-18235-7.

[6] http ://www.freepascal.org/docs-html/prog/progsu40.html

[7] http ://lazplanet.blogspot.com/2013/05/how-to-use-text-and-background-color-in.html

[8] http ://www.baskent.edu.tr/ tkaracay/etudio/ders/prg/pascal/PasHTM1/pas/pasl1000.html

[9] http ://www.math.uni-hamburg.de/it/software/fpk/units/node2.html

Chapitre 10

Programmation Impérative en C++ : 1ere Partie

Ce chapitre dispense au lecteur la base de la programmation impérative avec le langage C++. Il traite les thèmes suivants : types simples, types structurés de données, les opérateurs unaires d'incrémentation et de décrémentation, et les branchements : le choix et la condition.

10.1 Premier Programme, Types Simples

10.1.1 Structure d'un programme en C++

```
main(){}
```

Cette ligne est un programme qui marche en C++. On peut lui donner le nom *ProgrammeMinimal.cpp* et il est compilé sans erreur de syntaxe avec le compilateur g++, par exemple. Toutefois, certains compilateurs voudront avoir le terme **int** avant le mot-clé **main** (**int main()**).
main signifie **principal** en français et introduit ici le programme principal. En langage *Pascal*, le programme est une procédure alors qu'en C++ le programme principal est une fonction qui retourne un entier (int). Le signe { est mis pour *début*, et } est mis pour *fin*.
Les fonctionnalités simples d'affichage et de saisie sont obtenues avec la bibliothèque standard **iostream**. Cette dernière peut être importée avec l'instruction
\# **include** < iostream > .
Pour utiliser de manière simple les commandes de lecture cin $\gg$ et d'écriture cout $\ll$, l'instruction suivante est aussi utilisée : **using namespace std** .
Ainsi, nous pouvons écrire un programme qui affiche le message 'Bonjour' :

```
#include<iostream>
using namespace std;
int main()
```

```
4 {
5   cout << "Bonjour" ;
6 }
```

La commande **cout** $\ll$ correspond à **write** en *Pascal*. L'instruction d'affichage **write**('Bonjour'), en *Pascal*, correspond à **cout** $\ll$ "Bonjour", en C++. L'affichage de plusieurs paramètres à l'écran se fait de la manière suivante :
cout $\ll$ Parametre1 $\ll$ Parametre2 $\ll$ Parametre3 ...
L'instruction **cout** $\ll$ **endl** correspond à **writeln** : elle permet d'aller à la ligne. **endl** signifie **end of line** : l'afficher a pour effet d'aller à la ligne. La commande **cout** $\ll$ **"\n"** a aussi le même effet. Car elle consiste à afficher le caractère ASCII de commande, **newline** (**n**) qui signifie nouvelle ligne. Ce caractère est celui d'ordre 10 dans la table ASCII.
Donc, on pourrait, dans le code-listing précédent, afficher le message 'Bonjour', et aller à la ligne, en remplaçant l'instruction de la ligne 5 par :
cout $\ll$ **"Bonjour"** $\ll$ **endl ;** ou **cout** $\ll$ **"Bonjour"** $\ll$ **"\n" ;**
Le point-virgule marque la fin d'une instruction en C++.
La saisie, la lecture, d'un ou plusieurs paramètres s'effectue à l'aide de la commande **cin** $\gg$ Paramètre1 $\gg$ Paramètre2 $\gg$ Paramètre3 ...
C++ est un langage *case-sensitive* : il fait la différence entre un caractère minuscule et un caractère majuscule. En C++, **Main** et **main** sont différents. Il est important de remarquer que les mots-clés de ce langage sont en minuscule.

10.1.2 Types Simples ou Primitifs de Données

Nous avons déjà vu les types simples ou primitifs de données : entier, réel, caractère et booléen. Le type entier, appelé integer en *Pascal*, est dénommé **int** en C++. Le type réel est, ici, **float** ; ce qui renvoie à floating point (virgule flottante). Le type caractère conserve la même dénomination : **char**. Le type logique, booléen, s'appelle **bool**.
Le tableau ci-dessous présente quelques catégories de ces types, comme le considère le compilateur g++.

Type	Signification	Taille
int	entier	4 Bytes
long int	entier long	4 Bytes
short int	entier court	2 Bytes
unsigned int	entier non signé	4 Bytes
unsigned long int	entier long non signé	4 Bytes
unsigned short int	entier court non signé	2 Bytes
float	réel	4 Bytes
double	réel (double précision)	8 Bytes
long double	long double	12 Bytes
char	caractère	1 Byte
unsigned char	caractère non signé	1 Byte
wchar_t	caractère large	4 Bytes
bool	booléen	1 bit

10.1.3 Constante, Variable, Affectation, Commentaire

Nous avons déjà abordé les parties d'un programme, voire d'un algorithme. Nous avions distingué trois parties : la tête du programme, la partie négociation et le programme principal. Ceci est valable pour un très grand nombre de langages de programmation, particulièrement, les langages de programmation impérative. Pour ces derniers, les constantes sont définies dans la partie négociation et c'est dans cette même partie que les variables sont déclarées; et les affectations sont effectuées dans le programme principal. En C++, il y a une plus grande flexibilité. On peut déclarer une variable ou définir une constante, avant sa première utilisation, n'importe où : dans le programme principal ou à l'extérieur de ce dernier.

Affectation, Commentaire

Au lieu de **:=** comme c'est le cas en *Pascal*, le signe d'affection est =, en C++. Ce même signe est utilisé aussi pour la définition d'une constante.
Le langage *Pascal* nous semble plus précis, car faisant même une différence de notation entre l'affectation et la définition. Ceci est très important, surtout pour les débutants en programmation. C'est une des raisons pour lesquelles nous conseillons à quiconque souhaitant apprendre la programmation de commencer par *Pascal*, et ensuite de passer à C, et après à C++.
Le commentaire, lorsqu'il est sur une ligne, est introduit par //. Dans le cas où il est écrit sur plusieurs lignes, il est compris entre /* et */. Les lignes suivantes illustrent l'emploi de commentaires en C++ :

```
// Voici un commentaire sur une ligne
/* Un commentaire peut egalement
 etre ecrit sur plusieurs
lignes
*/
```

Définition d'une Constante

Considérons l'exemple de définition de la constante PI en C++ :
const float PI = 3.14
Cette instruction est la définition d'une constante de type réel (floating point) égale à 3,14.
La définition d'une constante obéit à la syntaxe suivante :
const TypeDeLaConstante NomDeLaConstante = ValeurDeLaConstante
Le type de la constante peut aussi précéder le mot-clé **const** :
TypeDeLaConstante const NomDeLaConstante = ValeurDeLaConstante
Les lignes lignes ci-dessous sont des exemples de définition de quelques intéressantes constantes :

```
const int N = 100;
const bool LeLionEstUnAnimal = true;
const char FirstLetter = 'A';
float  const h = 6.62606957e-34 ;           // en Joule . Seconde
```

```
const double Qe = -1.602176565e-19 ;          // en Coulomb
const float me = 9.1093826e-31 ;             // en Kg
const double mp = 1.67262171e-27 ;           // en Kg
const long double mu0 = 1.2566370614E-6 ;  // en Henry par metre
long int const c = 299792458 ;              // en metre par Seconde
```

h est la constante de Planck, Qe est la charge de l'électron, me et mp sont respectivement les masses de l'électron et du proton. mu0 (μ_0) est la perméabilité du vide et c la célérité de la lumière dans le vide. Ce sont des constantes utiles pour un ingénieur.

Déclaration d'une Variable

Considérons l'exemple de déclaration suivante de la variable r, en C++ :
float r
Cette instruction est la déclaration de la variable dénommée r, de type réel (floating point).
La déclaration d'une variable se fait selon la syntaxe suivante :
TypeDeLaVariable NomDeLaVariable
Une variable peut être déclarée et en même temps être initialisée, comme le montre l'exemple suivant :
float r = 2.4
Dans ce cas, la syntaxe est :
TypeDeLaVariable NomDeLaVariable = ValeurInitiale
Les lignes ci-dessous sont des exemples de déclaration de quelques variables.

```
int N ;
int i = 0;
bool Test ;
char Lettre = 's';
float  r  ;
double Vitesse = 0.0;
```

10.1.4 Donnée Globale, Donnée Locale, Scope

Il peut arriver qu'une donnée soit définie plusieurs fois dans un programme. Dans ce cas, l'opérateur de scope :: (d'appartenance) permettra de désigner chaque donnée de manière unique.

```
#include<iostream>
using namespace std;
float x = -12.3;           // Variable Globale
int main()
{
  float x = 32.456;          // Variable Locale
  cout << x << endl;
  cout << "Global   " << ::x  << endl;   // x Global
}
```

Dans le programme listing ci-dessus, la variable **x** de type réel a été déclarée et affectée deux fois. Une fois en dehors du programme principal, et une seconde fois dans le bloc de **main()**. Dans ce dernier, **x** a la valeur 32,456 et :: **x** désigne la variable définie en dehors du bloc principal et dont la valeur est -12,3 .
:: est l'opérateur de résolution, d'appartenance (scope). Ici, :: **x** désigne la variable globale **x**.

10.1.5 Donnée Automatique, Donnée Statique

Donnée Automatique, Donnée Statique

Par rapport à sa durée de vie, nous pouvons dire qu'une donnée n'existe que dans le bloc où elle est définie. On dit que la donnée est automatique. Au sortir de ce bloc, elle est à priori inconnue.
C++, offre la possibilité d'augmenter la durée de vie d'une donnée. Celle-ci existera et sera connue, même en dehors de son bloc de définition. Dans ce cas, le mot-clé **static** est utilisé dans la déclaration ou définition de cette donnée.
Le programme, dont le listing est donné ci-après, est un exemple d'utilisation d'une donnée statique :

```
1 #include<iostream>
2 using namespace std;
3 static float x = -12.3;           // Variable Statique
4 static const float PI=3.14;       // Constante Statique
5 int main()
6 {
7   cout << x << " "<< PI << endl;   // Ceci marche
8 }
```

À la ligne 3 de ce listing, la donnée x a été déclarée comme une variable réelle statique en dehors du bloc principal. N'empêche, elle est bien connue dans ce bloc et peut y être utilisée. Aux lignes 3 et 4, toutes les permutations des mots-clés sont autorisées. La ligne pourrait être remplacée par l'instruction
float const static PI=3.14;

Variable Statique dans une Fonction

Nous souhaitons illustrer un comportement d'une variable locale déclarée comme statique (**static**), dans une fonction. Ce comportement est le fait qu'une telle variable conserve sa valeur entre deux appels de la fonction.
Le court listing suivant est un exemple permettant de constater cet effet :

```
include<iostream>
using namespace std;

void Afficher_N()
{
  static int n=0;
  cout << "n= " << n++ << endl;
```

```
8 }
9
10 int main()
11 {
12   Afficher_N();
13   Afficher_N();
14   Afficher_N();
15 }
```

À priori, ce code est sensé afficher trois fois de suite **n = 0**. Mais à l'exécution, nous obtenons ce qui suit :

```
n= 0
n= 1
n= 2
```

Ceci est tout à fait normal. Car la variable **n** a été déclarée avec le mot-clé **static**. Au premier appel de la fonction **Afficher_N()** (ligne 12), la variable **n** qui est initialisée à **0** est affichée et ensuite incrémentée. Sa valeur devient **1**. Au deuxième appel de la fonction, à la ligne 13, la variable statique **n** conserve sa valeur à l'issue du premier appel. L'instruction d'initialisation à la ligne 6 n'est pas exécutée. C'est ce qui explique l'affichage de **n= 1**. Ensuite, **n** est incrémenté et sa valeur devient **2**. Au troisième appel, **n** n'est pas initialisé à zéro. Il conserve sa valeur au sortir du deuxième appel (**2**). Cette dernière est affichée et **n** est ensuite incrémenté : sa valeur devient **3**.

10.2 Types Structurés de Données

10.2.1 Tableaux (Arrays)

Considérons l'exemple de déclaration de la variable **Tab** suivante, en C++ :
int Tab[10]
Cette instruction est celle de la déclaration d'une variable d'identifiant **Tab** comme un tableau à une dimension ou vecteur comprenant dix éléments qui sont tous des entiers : Tab[0], Tab[1], Tab[2], Tab[3], Tab[4], Tab[5], Tab[6], Tab[7], Tab[8], Tab[9]. On remarque qu'en C++, le premier indice est 0.
De manière générale, un tableau est déclaré de la manière suivante :
Type NomDuTableau[N]
N est supérieur ou égal à 1. **Type**, ici, est le type des éléments du tableau. Le domaine d'indice du tableau est l'intervalle d'entiers [0,N-1].
Un tableau peut être déclaré et en même temps initialisé, comme c'est le cas avec l'instruction suivante :
int Prix [ ] = {120000, 150000, 175000, 180000}
Un tableau à deux dimensions peut être déclaré de la manière suivante :
Type NomDuTableau[N][M]
Une matrice **Mat**, de réels, ayant 3 lignes et 5 colonnes, peut être déclarée de la manière suivante :
float Mat[3][5]

L'élément se situant à la première ligne et à la première colonne est Mat[0][0], l'élément Mat_{ij} correspond à Mat[i-1][j-1].
Le programme-listing ci dessous est illustratif de l'emploi d'un tableau ou d'une matrice en C++.

```
#include<iostream>
using namespace std;
int main ()
{
    // Declaration d'un Tableau
    int NotesExamen[5];
    NotesExamen[0]=8;    NotesExamen[1]=10;
    NotesExamen[2]=14;   NotesExamen[3]=16;
    NotesExamen[4]=18;
    cout << "NotesExamen[2] : " << NotesExamen[2] << endl;
    //Declaration et Initialisation
    int Prix[] = {120000, 150000, 175000, 180000};
    cout << "Le troisieme prix est :" << Prix[2] << endl;
    // MATRICE
    int matrice[4][5];
    matrice[0][0] = 12;
    matrice[0][1] = 8;
    cout << "matrice[0][0] : " << matrice[0][0] << endl;
}
```

10.2.2 String, Chaînes de Caractères

Un string ou chaîne de caractères est en réalité une concaténation, une juxtaposition de caractères. Il peut être considéré comme un vecteur de caractères : un tableau à une dimension de caractères. Donc, un string de longueur maximale N, est déclaré de la manière suivante :
char NomDuString[N]
Déclarons la variable **Nom** comme une chaîne de caractères de longueur maximale 12 :
char Nom[12]
Dans ce cas l'affectation se fait *élément-élément.* L'affectation **Nom := 'Diouf'**, par exemple, sera faite, en C++, de la manière suivante :
Nom[0] = 'D' ; Nom[1] = 'i' ; Nom[2] = 'o' ; Nom[3] = 'u' ; Nom[4] = 'f' ; Nom[5] = '\0' ;
'Diouf' est composé de cinq (5) lettres mais nous avons affecté six (6) éléments. Nous avons ajouté, à la fin des lettres de **'Diouf'**, le caractère '**0**' qui correspond au caractère ASCII NUL qui est le caractère nul. Ce dernier constitue un délimiteur et marque la longueur actuelle de la variable **Nom** qui est un vecteur de douze (12) caractères. Avec notre affectation précédente, les éléments du tableau **Nom**, d'indice allant de 0 à 5, servent à enregistrer la valeur actuelle du string; et ceux d'indices 6 à 11 sont inutilisés.
Une autre variante permettant de déclarer une chaîne de caractères est d'importer la bibliothèque **string.h**, qui est un header file. Cela est réalisé, en insérant,

par exemple, juste après l'instruction d'insertion de la bibliothèque **iostream**, la commande suivante :
include < string.h >
Cette bibliothèque permet de faire une déclaration et des affectations simples de chaînes de caractères. Un string est déclaré de la manière suivante :
string NomDuString
Pour une chaîne dénommée **Nom**, on a :
string Nom
Nous pouvons l'affecter, par exemple, de la manière suivante :
Nom = "Diouf"
Nous pouvons aussi traiter des chaînes de caractères avec les méthodes offertes par la bibliothèque **iostream** : **cin.get()** et **cin.peek()**. La première a le même effet que **readln** en *Pascal* et la deuxième permet d'accéder au premier caractère d'un string. La commande **cin.get (MonTexte, N, '#')**, par exemple, permet de saisir une chaîne de caractères (**MonTexte**) de longueur maximale égale à N-1 : c'est-à-dire un texte de N-1 caractères au plus. La fin du texte est atteinte lorsque le caractère '#' est saisi.
La bibliothèque **string.h** permet de faire des traitements de chaînes de caractères :

- La fonction **strlen()** (string length) permet d'obtenir la longueur actuelle d'un string qui a été déclaré comme un tableau de caractères. Avec la déclaration **char Nom[10]**, suivie des affectations Nom[0]='M', Nom[1]='a', Nom[2]='n', Nom[3]='d', Nom[4]='e', Nom[5]='l', Nom[6]='a' et Nom[7]='\0'; **strlen(Nom)** est égal à l'entier 7. Car la longueur actuelle de la variable **Nom** est le nombre de caractères du string 'Mandela' : 7.
- La fonction **strcpy()** (string copy) permet de faire la copie d'un string dans un autre. L'instruction **strcpy(Nom ,"Ndiaye")** permet de copier le string "Ndiaye" dans la variable **Nom**, définie comme un tableau de caractères : la valeur "Ndiaye" est affectée à la variable **Nom**.
- La fonction **strcmp()** (string compare) permet de comparer deux chaînes de caractères. **strcmp(Nom1, Nom2)** compare **Nom1** et **Nom2** puis retourne une valeur entière. Si les deux string sont égaux alors la valeur de la fonction **strcmp(Nom1, Nom2)** est 0. Si la chaîne de caractères **Nom1** est inférieure à **Nom2** alors **strcmp(Nom1, Nom2)** est égale à un entier strictement négatif. Dans le cas où **Nom1** est supérieure à **Nom2**, alors **strcmp(Nom1, Nom2)** est égale à une valeur entière strictement positive.

10.2.3 Énumération (enum), Type Énuméré

Le type énumération a été déjà vu, au cours du chapitre 7.
Considérons le type **JourDeLaSemaine**, défini de la manière suivante :

Type

JourDeLaSemaine = (Lun, Mar, Mer, Jeu, Ven, Sam, Dim)

Pour une variable de ce type (**Jour**), le code suivant peut être écrit, en C++ :

```
1 #include<iostream>
2 using namespace std;
3 enum JourDeLaSemaine  {Lun, Mar, Mer, Jeu, Ven, Sam, Dim};
4 int main ()
5 {
6    JourDeLaSemaine Jour;
7    Jour = Mer;
8    cout << Jour << endl ;
9 }
```

Le listing ci-dessus a défini le type **JourDeLaSemaine** avec l'instruction :
enum JourDeLaSemaine { Lun, Mar, Mer, Jeu, Ven, Sam, Dim } ;
La ligne 6 est la déclaration de la variable **Jour** comme une donnée de type **JourDeLaSemaine**. À la ligne 7, la valeur **Mer** est affectée à la variable **Jour**. Puisqu'un type énuméré est ordonné et que l'ordre de **Mer** est 2, cette valeur sera affichée à l'écran, avec l'instruction de la ligne 8.
Le type énuméré **T** = (C_1, C_2,$\cdots$, C_i,$\cdots$, C_N), où les C_i sont des identifiants constants, de type **T** ; est défini de la manière suivante en C++ :
enum T { C_1, C_2,$\cdots$, C_i,$\cdots$, C_N } ;
Cette définition peut se faire dans ou avant le bloc principal.

10.2.4 Structures, struct (Record, Enregistrements)

Nous avons vu dans le chapitre 7 la définition du record, de la structure, de l'enregistrement, **Étudiant** :

Type
  Étudiant = **Enregistrement**
  Début
    Nom : chaîne[15] ;
    Prénom : chaîne[25] ;
    Matricule : entier ;
    Moyenne : réel ;
  Fin ;

Cet enregistrement peut être implémenté en C++. Le mot-clé correspondant est **struct**. La structure **Étudiant** peut être définie, dans le bloc de **main()** ou à l'extérieur de ce dernier, de la manière suivante :

struct Étudiant
{
  char Nom[15] ;
  char Prénom[25] ;

```
    int Matricule;
    float Moyenne;
};
```

Par la suite, nous pourrons déclarer, par exemple, une variable Etd1, de type **Étudiant** :
Étudiant Etd1 ;
Nous pouvons accéder à ses éléments avec l'opérateur d'accès **.** (*point*). Ainsi, nous pouvons faire les affectations suivantes :
Etd1.Moyenne = 13.5 ;   Etd1.Matricule = 76545 ;
La syntaxe de définition d'une structure, en C++, est la suivante :

```
struct NomDeLaStructure
{
    type1 Variables_1;
    type_2 Variables_2;
      ⋮      :     ⋮         ;
    type_N Variables_N;
};
```

Le dernier point-virgule est très important. Car il marque la fin de la définition de la structure.
Nous avons écrit le mot *Variables* au pluriel. Car nous pouvons avoir plusieurs variables séparées par une virgule, pour un seul type.
C++ offre une flexibilité dans la définition d'une structure. Il permet de combiner définition et déclaration, comme illustré dans le code-listing suivant qui contient deux structures : **NombreComplexe** et **Point**.

```
#include<iostream>
using namespace std;

struct NombreComplexe
{
  float PartieReelle;
  float PartieImaginaire;
};

int main()
{
  NombreComplexe z;
  z.PartieReelle = 7.54;  z.PartieImaginaire = -1.34;

  struct Point
  {
    float x,y,z;
  } P1, P2;

```

```
20   P1.x = -3.24; P1.y = 5.87; P1.z = 9.31;
21   P2.x = 1.57; P2.y = 6.47; P2.z = -2.56;
22   cout << P2.y << endl;
23 }
```

En effet, nous avons défini la structure **Point** et en même temps déclaré les points P1 et P2 (lignes 15-18). Ce listing illustre l'emploi des enregistrements en C++. Nous rappelons que ce type de données est très utile en sciences et techniques.

10.2.5 typedef

Avec le mot-clé **typedef**, le programmeur peut définir un nouveau type de données. L'instruction suivante est celle de la définition du nouveau type **Matrice** :
typedef float Matrice[4][7] ;
Alors, toute donnée de type **Matrice** est un tableau à deux dimensions de réels, ayant 4 lignes et 7 colonnes.

10.3 Opérateurs ++, −−, +=, -=, ∗=, /=, %=

10.3.1 Opérateurs ++ et −−

++ et −− sont respectivement les opérateurs unaires d'incrémentation et de décrémentation. Pour une variable **x** d'un type ordonné, **x++** permet d'incrémenter **x**. Par exemple pour **x** entier et égal à 25, alors **x++** est égal à 25. Après l'instruction **x++**, la variable **x** devient égale à **x +1**. Donc, **x++** a pour effet d'incrémenter **x** , après son utilisation. À côté de **x++**, il y a aussi **++x**. Son effet est l'incrémentation de **x** avant son utilisation. Pour **x** égal à 25, **++x** est égal à 26 et **x** devient égal à **x+1** (26), après l'instruction **++x**. De manière analogique, nous avons **x−−** et **−−x** pour la décrémentation.
Le listing suivant est un exemple d'utilisation de ces opérateurs :

```
#include<iostream>
using namespace std;
int main()
{
  int i=8, j=10, k=38;
   cout << ++i <<" "<< j++ <<" "<< --k << endl;
}
```

Nous obtenons, à l'exécution :

```
9 10 37
```

10.3.2 Opérateurs +=, -=, ∗=, /=, %=

Considérons les opérations (affectations) suivantes, pour une variable **x** :
x = x + 65 ; **x = x ∗ 4** ; **x = x - 23** ; **x = x/49** ; **x = x % 87** ;

Dans ce cas, le programmeur peut utiliser les opérateurs prévus à cet effet. Il obtient alors, respectivement, les affectations correspondantes suivantes :
x += 65 ; **x *= 4** ; **x -= 23** ; **x /= 49** ; **x %= 87** ;
où % est l'opérateur **mod** : reste de la division entière.
Ces formes contractées d'affectation existent aussi pour les opérateurs booléens et les opérateurs de bits : & = (& : ET Booléen), |=(| : OU Booléen), ^ = (^ : OU Exclusif), ≪= (≪ : shift left) et ≫= (≫ : shift right).

10.4 Branchements : Condition et Choix

10.4.1 Choix : switch

La structure **choix**, en C++, **switch**, a la syntaxe suivante :

switch (Variable)
{
  case Valeur_1 **:** Instructions_1 ; **break** ;
  case Valeur_2 **:** Instructions_2 ; **break** ;
  ....
  case Valeur_N **:** Instructions_N ; **break** ;
  default : Instructions_par_Défaut ;
}

Cette structure est introduite par le mot-clé **switch**, suivi d'une variable ou d'une expression, mise entre parenthèses. Dans le cas où la variable est égale à une des valeurs **Valeur_i**, les instructions correspondantes seront exécutées : Instructions_i. La fin des instructions d'un cas donné est marquée par la commande **break**.
Les instructions par défaut seront exécutées, lorsque la variable n'est égale à aucune des valeurs **Valeur_i**. Dans ce cas, l'instruction **break** n'est pas obligatoire.
Le programme-listing ci-dessous illustre l'utilisation de la structure **switch** en C++ :

```
#include<iostream>
using namespace std;
int main()
{
  int Mois ;
  cout << "Donnez Mois dans 1..12 svp" << endl ;
  cin >> Mois;  cout << endl;
  switch (Mois )
  {
    case 1 : cout << "Janvier" << endl; break;
    case 2 : cout << "Fevrier" << endl; break;
    case 3 : cout << "  Mars " << endl; break;
```

```
    default: cout << "Hors 1er Trimestre " << endl;
  }
}
```

10.4.2 Condition : if

La structure conditionnelle **if** suit la syntaxe suivante en C++ :

if < Condition ou Expression Booléenne >
    { Instructions_du_Oui } ~~;~~
else
    { Instructions_du_Non }

Le programme-listing ci-dessous est une illustration de l'utilisation de la condition **Si** en C++ :

```
#include<iostream>
using namespace std;
int main()
{
 float Moyenne;

 cout << "Donnez la moyenne de l'etudiant" << endl;
 cin >> Moyenne;
 cout<< endl;
 if (Moyenne >= 10)
    {
      cout << "Matiere Validee" << endl;
      cout << "Etudiant Travailleur" << endl ;
    }
 else
    {
      cout << "Matiere non Validee" << endl;
      cout << "Reprenez la Matiere" << endl;
    }
}
```

Lorsque l'on a plusieurs conditions dans un programme, un point-virgule peut subvenir avant un **else**. Dans ce cas, ce point-virgule marque la fin de la structure **if** qui le précède et qui lui est la plus proche :

```
#include<iostream>
using namespace std;
main()
{
  float Delta;
  cout << "Donnez Delta svp" << endl;
```

```
7    cin >> Delta; cout << endl;
8    if (Delta != 0)
9       if (Delta > 0 )
10         cout << "Delta > 0" << endl;
11   else
12      cout << "Delta = 0" << endl;
13 }
```

À la fin de la ligne 10 de ce listing, nous avons un point-virgule, suivi du mot-clé **else**, à la ligne 11. Mais ce point-virgule marque la fin de la structure conditionnelle **if (Delta > 0)** qui est une structure sans partie **sinon** (**else**). Donc, ici, nous avons deux conditions : une avec une partie **sinon** et une autre qui n'en possède pas.

10.4.3 Opérateur Ternaire Conditionnel (? :)

La syntaxe d'utilisation de l'opérateur ternaire conditionnel (**? :**) est la suivante :
Variable ? Instruction_Vrai : Instruction_Faux ;
Variable est une donnée booléenne. Au lieu de **Variable**, on pourrait aussi avoir une expression logique. Lorsque la variable ou l'expression booléenne est vraie, **Instruction_Vrai** est exécutée ; et dans le cas contraire, **Instruction_Faux** sera exécutée.
Un exemple d'emploi de cet opérateur est présenté dans le listing ci-dessous :

```
#include<iostream>
using namespace std;

int main()
{
  bool Test=false;
  (Test) ?  cout << "OK"  :  cout << "Not OK";
}
```

Bibliographie

[1] Susan M. Merritt, Allen Stix : "**Migrating from Pascal to C++**", Springer-Verlag New York Berlin Heidelberg SPIN 10533267, ISBN 0-387-94730-2.

[2] Bjarne Stroustrup : " **The C++ Programming Language**", Third Edition, Addison-Wesley, 1997, ISBN 10 : 0321563840, ISBN 13 : 9780321563842.

[3] Wilfried Gawehn : " **ANSI C - Turbo C : Eine vollständige Einführung einschliesslich der Turbo C-Grafik und der C-Bibliothek**", B.I. Wissenschaftsverlag, Mannheim, Wien, Zürich, 1989, ISBN 3-411-14211-1.

[4] Brian W. Kernighan, Dennis M. Ritchie : "**The C Programming Language : ANSI C Version (2nd Edition)**", Prentice Hall PTR, Upper Sadddle River, New Jersey, 1988, ISBN 10 : 0131103709, ISBN 13 : 9780131103627.

[5] http ://fr.wikipedia.org/wiki/Constante_physique

[6] http ://fr.wikipedia.org/wiki/Vitesse_de_la_lumi%C3%A8re

[7] http ://en.wikipedia.org/wiki/Operators_in_C_and_C%2B%2B

Chapitre 11

Programmation Impérative en C++ : 2e Partie

Ce chapitre traite d'abord les boucles. Ensuite, l'implémentation des fonctions et des procédures est étudiée. Après, l'utilisation des fichiers externes en C++ est abordée. Enfin, le préprocesseur et les macro sont discutés.

11.1 Boucles : Loop

11.1.1 Boucle 'Pour' : for

La syntaxe de la boucle 'Pour' (**for**), en C++, a la forme suivante :

for (Initialisation ; Test ; Ajustement)
{
    Instructions_de_Boucle ;
}

Le listing ci-dessous est un programme qui permet d'afficher un million de fois 'Bonjour', et la valeur actuelle du compteur de boucle.

```
#include<iostream>
using namespace std;
int main()
{
  int i;
  for (i=1; i <= 1000000; i++)
  {
    cout << " Bonjour "<< i << endl;
  };
}
```

La boucle 'Pour', en c++, est introduite par le mot-clé **for** suivi de trois choses, entre parenthèses. La première est l'initialisation du compteur de boucle. La

deuxième est une condition (ou un test (un booléen)), qui, si elle est vraie, autorise le parcours de la boucle et l'exécution de ses instructions. Après chaque parcours, des ajustements sont entrepris. Ils peuvent correspondre à une incrémentation ou une décrémentation du compteur ou à une autre instruction tendant à faire varier le test ou la condition de parcours de la boucle. On peut remarquer qu'il n'y a pas de mot-clé **do** pour la boucle 'Pour', en C++.
Le listing suivant est celui d'un programme qui affecte une matrice et l'affiche à l'écran. La bibliothèque **iomanip** y a été insérée pour permettre de fixer la longueur des entiers affichés (setw(3)). Ceci permet d'aligner, plus finement les éléments de la matrice. Les compteurs de boucles **i** et **j** ont été déclarés et initialisés en même temps (lignes 8 et 10).

```
1  #include<iostream>
2  #include<iomanip>
3  using namespace std;
4  int main()
5  {
6   const int NLin=7, NCol=9;
7   int Matrice[NLin][NCol];
8   for (int i=0; i <= NLin-1; i++ )
9   {
10    for (int j=0; j <= NCol-1; j++)
11    {
12      Matrice[i][j] = i + j;
13      cout << setw(3) << Matrice[i][j] << "  " ;
14    };
15    cout << endl;
16  };
17 }
```

On obtient, à l'exécution, la matrice suivante :

```
  0   1   2   3   4   5   6   7   8
  1   2   3   4   5   6   7   8   9
  2   3   4   5   6   7   8   9  10
  3   4   5   6   7   8   9  10  11
  4   5   6   7   8   9  10  11  12
  5   6   7   8   9  10  11  12  13
  6   7   8   9  10  11  12  13  14
```

Ci-dessous, nous présentons le listing d'un programme qui calcule et affiche la somme suivante :

$$\sum_{n=1}^{NMAX} n$$

```
#include<iostream>
using namespace std;
```

```
int main()
{
 // Somme 1 + 2  + 3 + 4 + 5 + ... NMAX
int n, NMAX=100;
int Somme;
Somme = 0;                           //Initialisation
for (n=1; n <= NMAX; n++)
{
  Somme = Somme + n;
};
cout << Somme;    // Resultat
}
```

Ces trois précédents programmes représentent quelques applications de la boucle **for** en C++. Nous rappelons que la boucle constitue une technique très efficace pour résoudre des problèmes scientifiques et techniques.
À côté de la boucle 'Pour', nous avons aussi la boucle 'Tant Que'. Elles sont toutes les deux des pre-check loops.

11.1.2 Boucle 'Tant Que' : while

En C++, la syntaxe de la boucle 'Tant Que' (**while**), a la forme suivante :

while (Condition ou Expression Booléenne)

{

Instructions_de_Boucle ;

}

Cette boucle est introduite par le mot-clé **while**, suivi d'une condition ou d'une expression booléenne ; ensuite, vient le bloc des instructions de boucle, entre accolades. Généralement, cette structure algorithmique a besoin d'une initialisation qui la précède et d'un ajustement, qui est une instruction du bloc de boucle tendant à faire varier la condition d'entrée de boucle. Cette instruction nous l'avons appelée la **Relance**.
Le listing ci-dessous est un programme qui permet d'afficher, avec la boucle **while**, un million de fois 'Bonjour'.

```
#include<iostream>
using namespace std;
int main()
{
  int i=1;                 // Initialisation
  while (i <= 1000000)
  {
    cout << " Bonjour "<< i << endl;
    i++;                  // Ajustement, Relance
  };
}
```

Le listing suivant est celui d'un programme qui n'utilise que des boucles **while** pour affecter une matrice et l'afficher à l'écran, comme nous l'avons déjà fait avec la boucle **for**. Les compteurs de boucles **i** et **j** ont été déclarés et initialisés en même temps (lignes 8 et 11).

```
1 #include<iostream>
2 #include<iomanip>
3 using namespace std;
4 int main()
5 {
6  const int NLin=7, NCol=9;
7  int Matrice[NLin][NCol];
8  int i=0;
9  while (i <= NLin-1)
10  {
11    int j=0;
12    while ( j <= NCol-1)
13    {
14      Matrice[i][j] = i + j;
15      cout << setw(3) << Matrice[i][j] << "   " ;
16      j++;
17    };
18    cout << endl;
19    i++;
20  };
21 }
```

Nous pouvons remarquer que la syntaxe de la boucle 'Tant Que' peut être obtenue facilement à partir de celle de la boucle 'Pour'. Il suffit de transformer la syntaxe de cette dernière, donnée en 11.1.1, de la manière suivante :

Initialisation ;
while (Test)
{
    Instructions_de_Boucle ;
    Ajustement ;
}

11.1.3 Boucle Répéter : do-while

La boucle **do...while** de C++ est analogique à la boucle **Répéter...Jusqu'à**, à quelques différences près. C'est un post-check loop dont la syntaxe a la forme suivante :

do
{
    Instructions_de_Boucle ;

}
while (Condition ou Expression Booléenne) ;

Cette boucle est introduite par le mot-clé **do**, suivi du bloc d'instructions. Ces dernières sont exécutées à chaque parcours. Ensuite, un test est effectué, qui, s'il est positif (Vrai), autorise le parcours suivant ; dans le cas contraire la boucle s'arrête. Donc, nous avons un test de continuation de la boucle et non un test d'arrêt comme c'est le cas en *Pascal*.
Le point-virgule à la fin de cette syntaxe est très important. Il marque la fin de la boucle.
Voici le listing correspondant à notre programme d'affichage de 'Bonjour' :

```
#include<iostream>
using namespace std;

int main()
{
  int i=1;                    // Initialisation
  do
  {
    cout << "Bonjour" << i << endl;
    i++;                        // Relance
  }
  while (i <= 1000000);
}
```

Il est facile de voir qu'une boucle **for** peut être transformée en une boucle **do...while**. La syntaxe donnée en 11.1.1 est équivalente à :

Initialisation ;
do
{
    Instructions_de_Boucle ;
    Ajustement ;
}
while (Test) ;

Le listing suivant est celui d'un programme qui n'utilise que des boucles **do...while** pour affecter une matrice et l'afficher à l'écran, comme nous l'avons déjà fait avec les boucles **for** et **while**.

```
#include<iostream>
#include<iomanip>
using namespace std;
int main()
{
  const int NLin=7, NCol=9;
  int Matrice[NLin][NCol];
```

```
  int i=0;
  do
  {
     int j=0;
     do
     {
       Matrice[i][j] = i + j;
       cout << setw(3) << Matrice[i][j] << "  " ;
       j++;
     }
     while ( j <= NCol-1);
     cout << endl;
     i++;
   }
   while (i <= NLin-1);
}
```

11.1.4 Comparaison des Boucles en C++

Notre analyse des trois boucles de C++ aboutit à la conclusion suivante : ce langage a une et une seule approche de boucle : celle de 'Tant Que' (**while**). La boucle **for** possède une condition explicite et une relance. Donc, pour nous, cette structure de contrôle **for** est pratiquement une boucle **while** dont on a changé les mots-clés.
La boucle **do...while**, présente une certaine analogie avec le post-check loop **Répéter...Jusqu'à**. Mais après une analyse poussée, nous constatons qu'elle est très proche de la boucle 'Tant Que'. Car en C++, la condition de **do...while** est un test de continuation de parcours de cette structure de contrôle, ce qui correspond à la condition d'entrée de boucle 'Tant Que'. Cette condition est différente de celle de **Répéter...Jusqu'à** qui possède un test d'arrêt de boucle.

11.2 Fonctions et Procédures

11.2.1 Généralités

Nous avons déjà vu, au cours du chapitre 8 les sous-programmes : fonctions et procédures. Ici, nous nous intéressons à leur implémentation en C++.
La première chose qui mérite d'être soulignée est qu'en C++, il n'y a pas de procédure. Ce langage n'utilise que des fonctions. Ceci n'est pas un frein pour nous, car nous avions vu qu'une procédure peut être transformée en fonction, vice versa. Aussi, en C++, il existe un type de données intéressant : **void**. Nous pouvons considérer une donnée sans type comme étant de type **void**. Nous avons donc la possibilité de considérer une procédure comme une fonction qui ne retourne pas de valeur ou qui retourne (un) rien (**void**).
La deuxième chose qui mérite d'être soulignée est la règle en or suivante :
EN C++, UNE FONCTION NE DOIT PAS ÊTRE DÉFINIE DANS UNE AUTRE FONCTION

Une conséquence de cette règle est qu'une fonction ne pourra pas être définie dans le programme principal (**main()**). Car cette dernière est, en C++, une fonction. Cela veut dire que nous avons deux possibilités d'implémenter une fonction dans ce langage. La première est de la définir avant le **main()** et la deuxième est de la définir après celui-ci.
Dans tous les cas, une fonction est définie selon la syntaxe suivante :

type NomDeLaFonction(type1 Paramètre1,...)
{
 ....
 return Résultat ;
}

Cette structure peut être scindée en deux parties :

- la *tête* de la fonction ou son **déclarateur** :
  type NomDeLaFonction(type1 Paramètre1,...)
  Il est introduit par le type de la fonction : le type de la valeur renvoyée par la fonction. Ensuite, vient l'identifiant de la fonction (son nom). Nous avons après, entre parenthèses, la liste des paramètres de la fonction dont chacun d'eux est précédé du nom de son type.
- le **corps** de la fonction qui contient les instructions permettant de déterminer la valeur renvoyée et que nous avons appelée, ici, **Résultat**. L'instruction **return** est très importante et est équivalente à l'affectation de la fonction que nous avons déjà vue en *Pascal* :
  return Résultat ; ≡ NomDeLaFonction := Résultat ;
  Toute fonction renvoie une valeur. Même si l'instruction **return** n'est pas explicite, la valeur par défaut de la fonction est renvoyée. C'est le cas de la fonction **main()** que nous avons utilisée jusqu'ici sans l'instruction **return**. Elle retourne sa valeur par défaut : **0**.
  Pour une fonction de type **void**, on peut utiliser l'instruction **return ;**. Ceci n'est pas une obligation, car sans cette commande, la fonction est aussi correctement implémentée.

11.2.2 Fonction Définie avant main()

La définition d'une fonction à l'extérieur et avant le bloc de **main()** est simple.
Le listing suivant est celui d'un programme utilisant une fonction dénommée **SurfaceDuCercle()**, qui calcule la surface d'un cercle dont le rayon a été lu de manière interactive.

```
#include<iostream>
using namespace std;
float SurfaceDuCercle(float r)
{
  const float PI=3.14;
  float Aire;
  Aire = PI*r*r;
```

```
  return Aire;     // return PI*r*r ou return (Aire)
 }
int main ()
{
  float Rayon, S;               // Rayon et surface
  cout << "Donnez le rayon svp" << endl;
  cin >> Rayon; cout << endl;
  S = SurfaceDuCercle(Rayon);         // call by value
  cout << "La Surface du Cercle est: "<< S << endl;
}
```

La fonction **SurfaceDuCercle()** a pour paramètre d'entrée **r** qui est un réel (**float**). Elle retourne l'**Aire** du cercle. Dans le programme principal (**main()**), la fonction est appelée avec la valeur de la variable **Rayon**, lue de manière interactive. La valeur de la fonction pour cet argument actuel (**SurfaceDuCercle(Rayon)**), est affectée à la variable de même type : **S**. Cette dernière est affichée à l'écran, car correspondant au résultat de calcul de la surface du cercle.

11.2.3 Fonction Définie après main()

Maintenant, nous traitons le cas où une fonction est définie après le bloc principal : **main(){...}**. Évidemment, elle est utilisée dans ce bloc et sa définition vient après ce dernier. Donc, son utilisation précède sa définition. La discussion mérite d'être faite pour éclaircir comment on peut utiliser une fonction avant de l'avoir définie.
En C++, nous pouvons déclarer une fonction avant ou dans le bloc **main()** et l'utiliser dans celui-ci puis la définir après le bloc principal. L'essentiel est de déclarer la fonction avant de l'utiliser. La déclaration d'une fonction se fait en donnant son déclarateur (sa *tête*), suivi d'un point-virgule. Cette instruction de déclaration est appelée **prototype** de la fonction.
Logiquement, la connaissance du **prototype** d'une fonction ou de son déclarateur nous permet de l'utiliser correctement, sans faute de syntaxe.
Nous présentons ci-dessous une version du programme précédent, où la fonction est définie après le bloc principal.

```
#include<iostream>
using namespace std;
float SurfaceDuCercle(float r);     // Prototype
int main ()
{
  float SurfaceDuCercle(float );      // Prototype
  float SurfaceDuCercle(float UnRayon); // Prototype
  float Rayon, S;                     // Rayon et surface
  cout << "Donnez le rayon svp" << endl;
  cin >> Rayon; cout << endl;
  S = SurfaceDuCercle(Rayon);         // call by value
  cout << "La Surface du Cercle est: "<< S << endl;
```

```
13 }
14
15 float SurfaceDuCercle(float r)   // Definition apres main(){...}
16 {
17   const float PI=3.14;
18   float Aire;
19   Aire = PI*r*r;
20   return Aire;
21 }
```

Nous avons, dans ce programme-listing, trois prototypes de la même fonction **SurfaceDuCercle()**. À la ligne 3, avant le bloc principal, nous avons le premier prototype **float** SurfaceDuCercle(**float** r). Nous aurions pu nous contenter de ce prototype, mais un programme peut en contenir plusieurs. C'est pour cette raison que nous en avons mis deux autres, dans le bloc principal, aux lignes 6 et 7 :
float SurfaceDuCercle(**float**) ; et
float SurfaceDuCercle(**float** UnRayon) ; .
Les trois prototypes utilisés ont le même format. Ils déclarent tous **SurfaceDuCercle()** comme une fonction qui prend un et un seul paramètre réel (**float**) et qui retourne une valeur de type réel (**float**).

11.2.4 Fonction Récursive

La fonction factorielle, comme nous l'avons déjà vue (cf. 8.5.1), est un exemple très instructif de sous-programme récursif.
Nous l'avons implémentée en C++, dans le listing ci-dessous :

```
#include<iostream>
using namespace std;
long long int factorielle(int m )
{
  if (m == 0)
  {
    return 1;
  }
  else
    return m*factorielle(m-1);
}

int main()
{
  int n;
  cout << "Donnez un entier svp" << endl;
  cin >> n ; cout << endl;
  cout << factorielle(n) << endl;
}
```

Nous avons choisi le type **long long int** pour calculer jusqu'à
20 ! = 2432902008176640000.
Le lecteur qui s'intéresse à des valeurs de factorielle plus grandes pourra utiliser d'autres techniques plus adaptées.

11.2.5 Procédure

Voici l'implémentation d'une procédure comme fonction de type **void**.

```
#include<iostream>
using namespace std;
void BelAffichage(float x)
{
   cout << "********************" << endl;
   cout << "*****" << x << "******" << endl;
   cout << "********************" << endl;
}
int main()
{
   float y;
   cout << "Donnez un reel svp" << endl;
   cin >> y ; cout << endl;
   BelAffichage(y);
}
```

Cette procédure est, en fait, celle présentée à la section 8.2. Nous l'avons simplement codée en langage C++.

11.2.6 Call-by-Reference

La notion de call-by-reference a été traitée de manière détaillée en 8.3.2. Considérons une fonction dont le déclarateur est le suivant en *Pascal* :
Mafonction(n : **integer**) **: real**
Le paramètre n de la fonction sera transmis par valeur. Si nous voulons qu'il soit transmis par référence, nous devons considérer le déclarateur suivant :
Mafonction(**var** n : **integer**) **: real**
L'ajout du mot-clé **var** avant le paramètre est très important. Son effet est que la variable n sera transmise par sa référence : son adresse.
En C++, la fonction correspondante pour une transmission par valeur de n a pour déclarateur :
float Mafonction(**int** n)
Pour que n soit transmis par référence, nous devons modifier le déclarateur précédent pour obtenir :
float Mafonction(**int** &n)
Ce déclarateur est équivalent aux deux suivants :
float Mafonction(**int** & n)
float Mafonction(**int**& n)
Nous rappelons que & est l'opérateur d'adresse en C++.

De manière générale, pour transmettre un paramètre par référence, il suffit de mettre avant son nom l'opérateur **&**, dans le déclarateur de la fonction.
Le listing du programme suivant illustre l'emploi d'une fonction **Inv_Opp** ayant trois paramètres. Le premier (**a**) est transmis par valeur alors que les deux autres (**opp_a** et **inv_a**) le sont par référence. Ce programme lit une variable réelle non nulle puis calcule et enregistre, son opposé et son inverse, respectivement, dans les variables **Oppose_x** et **Inverse_x** dont les valeurs seront affichées à l'écran.

```
#include<iostream>
using namespace std;
void Inv_Opp(float a, float & opp_a , float & inv_a)
{
  opp_a = -a;
  inv_a = 1./a;
}

int main()
{
  float x;
  cout << "Donnez un reel non nul svp" << endl;
  cin >> x; cout << endl;
  float Oppose_x, Inverse_x;
  cout << "x =  "<<  endl << endl;
  Inv_Opp(x, Oppose_x, Inverse_x);
  cout << "x =  "<< x  << endl << endl;
  cout << "Oppose_x=  "<<Oppose_x  << endl << endl;
  cout << "Inverse_x=  "<<Inverse_x  << endl << endl;
}
```

Un autre exemple d'utilisation d'une fonction avec des paramètres transmis par référence est présenté ci-dessous. Il s'agit de la fonction **Permuter()** (**swap()**) que nous avons traitée de manière très détaillée à la section 8.3.2.

```
#include<iostream>
using namespace std;
void Permuter(float& a , float& b)
{
  float Aide = a; a = b; b = Aide;
}

int main()
{
  float x, y;
  x = 23.634;  y = 23124.3;
  cout << "x =  "<< x <<"   "<< "y=  "<< y << endl;
  Permuter(x, y);
  cout << "Maintenant, apres Permutation:" << endl;
```

```
  cout << "x =  "<< x  << "   "<< "y=  "<<y << endl;
}
```

11.3 Fichiers Externes

Au chapitre 9, nous avons discuté les fichiers externes et les étapes nécessaires pour leurs traitements. En C++, la bibliothèque **fstream** nous permet de les manipuler.

11.3.1 Écriture dans un Fichier Externe

Dans le programme-listing ci-dessous, nous avons déclaré la variable **MonFichier** comme étant de type **ofstream**. Cela signifie que **MonFichier** est un fichier **output** qui nous sert de sortie pour les données. Nous lui avons assigné le fichier de chemin "C :/MonDossier/Resultat.txt" ; et nous l'avons ouvert en mode écriture (ligne 6).
Jusqu'ici nous avons utilisé la commande **cout** $\ll$ pour écrire des données à l'écran. En fait, **cout** désigne le médium de sortie standard comme s'il était un fichier dans lequel on peut écrire des données.
D'après ce que l'on a vu, jusqu'à présent, il n'y a aucune difficulté pour écrire, par exemple, le message "Bonjour Tout le Monde", à l'écran et aller à la ligne. Il suffit de donner la commande suivante :
cout $\ll$ "Bonjour Tout le Monde" $\ll$ endl ;
Car **cout** désigne l'écran qui est le standard output.
De la même manière, pour écrire ce message dans le fichier de sortie **MonFichier**, nous donnons l'instruction suivante au compilateur :
MonFichier $\ll$ "Bonjour Tout le Monde" $\ll$ endl ;

```
1 #include<iostream>
2 #include<fstream>
3 using namespace std;
4 int main()
5 {
6   ofstream MonFichier("C:/MonDossier/Resultat.txt");
7   MonFichier << "Bonjour Tout le Monde" << endl ;
8   MonFichier << "Comment ca va?" << endl;
9   MonFichier.close();
10 }
```

Les lignes 7 et 8 sont des instructions d'affichage, d'écriture dans le fichier **Resultat.txt** qui est assigné à la variable **MonFichier**.
Pour chaque fichier déclaré de cette manière, une fonction de fermeture lui est associée : *NomFichier.close()*. À la ligne 10, l'instruction **MonFichier.close()** ferme le fichier **MonFichier**.
Ce programme est court, mais c'est un outil très important. Car il permet d'enregistrer des données, dans un fichier externe, de manière automatique.

Donc, après résolution d'un problème quelconque, nous avons la possibilité de stocker les résultats dans un fichier externe.

11.3.2 Lecture d'un Fichier Externe

Dans le programme-listing ci-dessous, nous avons déclaré la variable **MonFichier** comme étant type **ifstream**. Cela signifie que **MonFichier** est un fichier **input** : d'entrée de données. Nous lui avons assigné le fichier de chemin "C :/MonDossier/Donnees.txt" ; et nous l'avons ouvert en mode lecture (ligne 7).
La commande **cin** $\gg$ nous a servi, jusqu'ici, à lire des données à partir du clavier. En réalité, **cin** désigne le médium standard d'entrée de données : le clavier.
Il n'y a aucune difficulté à lire une donnée **x**, saisie au clavier. Il suffit de donner la commande suivante :
cin $\gg$ **x** ;
cin désigne le clavier qui est le standard input.
De manière analogique, pour lire une donnée **x** à partir du fichier externe **MonFichier**, nous donnons l'instruction suivante au compilateur :
MonFichier $\gg$ **x** ;

```
1  #include<iostream>
2  #include<fstream>
3  using namespace std;
4  main ()
5  {
6     string Mot1;
7     ifstream MonFichier("C:/MonDossier/Donnees.txt");
8     MonFichier >> Mot1   ;
9     while (! MonFichier.eof())
10    {
11      cout << Mot1 << endl ;
12      MonFichier >> Mot1   ;
13    };
14    MonFichier.close();
15 }
```

À la ligne 6, la variable **Mot1** de type string est déclarée. La ligne 8 est l'instruction de lecture de la première chaîne de caractères du fichier **Donnees.txt**. Tant que la fin du fichier (**end of file (eof)**) assigné à la variable **MonFichier** n'est pas atteinte, ses éléments seront lus et affichés à l'écran (cf. lignes 9-13). **MonFichier.eof()** est une fonction booléenne associée à **MonFichier**. Elle est vraie lorsque la fin du fichier **MonFichier** est atteinte. L'expression **!MonFichier.eof()** désigne sa négation logique.
À la ligne 14 du listing, l'appel de la fonction **MonFichier.close()** ferme le fichier.
Ce programme, tout comme son prédécesseur, est très instructif et utile. Il per-

met de lire des données enregistrées dans un fichier externe. Ces informations peuvent être lues et traitées de manière automatique.

11.4 Préprocesseur, Macro

Le préprocesseur est une partie du compilateur. C'est lui qui traite toutes les commandes commençant par # . Le compilateur traduit le code source en un code objet. Mais cette traduction suit des étapes comme le **preprocessing**, le **parsing** et **code generation**. Le preprocessing est assuré par le préprocesseur. Cette phase consiste à modifier le code source avant l'étape d'analyse syntaxique (parsing). À l'issue de la compilation, le code objet est généré en langage machine.
Les instructions adressées au préprocesseur peuvent permettre d'insérer des bibliothèques ou programmes externes, de définir des constantes, des macro qui ressemblent à des fonctions, etc. Elles permettent également d'adresser des commandes au compilateur.
Nous distinguons les instructions suivantes pour le préprocesseur de **C** ou **C++** :

Instructions du Préprocesseur			
#include	**#define**	**#undef**	**#ifdef**
#ifndef	**#if**	**#else**	**#elif**
#endif	**#error**	**#pragma**	**#line**

11.4.1 #include

Cette instruction, comme son nom l'indique permet d'inclure, d'insérer, des bibliothèques standard que l'on appelle aussi header-file (fichiers d'entête). Ces bibliothèques ont le plus souvent l'extension **h** (string.h, math.h fstream.h, etc.). Certaines d'entre-elles sont utilisées avec la commande **#include** sans leur extension. Le programmeur peut également insérer des programmes externes, avec cette commande. Cette instruction est employée, de la manière suivante : **#include** < **Fichier** > ou **#include** "**Fichier**".

11.4.2 #define, #undef

L'instruction #define permet de définir des macro : des constantes, des macro-fonctions, des structures, des classes, etc.
#undef annule une définition faite précédemment avec #define.
Le programme-listing suivant illustre bien l'emploi de ces deux directives :

```
#include"iostream"
#define PI 3.14159
#define Moyenne(x,y) (x+y)/2  //Macro-Fonction
using namespace std;
int main()
{
   cout << PI << endl;
```

```
8      cout << Moyenne(4.5, -8.9)<< endl;
9      #undef PI
10     #undef Moyenne
11 }
```

La constante **PI**, à la ligne 2 et la macro-fonction **Moyenne(x,y)**, à la ligne 3, ont été définies, chacune, avec la directive **#define**, adressée au préprocesseur. En fait, **Moyenne(x,y)**, ici, n'est pas une fonction : c'est un **macro** : une macro-fonction. Une macro-fonction ressemble à une fonction mais n'en est pas une. Du point de vue syntaxique, leurs différences sont claires et explicites. Notre listing précédent montre que les types des paramètres d'une macro-fonction ne sont pas précisés lors de la définition de celle-ci. Tandis que les types des paramètres d'une fonction sont obligatoirement donnés dans le déclarateur de cette dernière.
Une différence fondamentale entre une macro-fonction et une fonction est que cette dernière est implémentée une seule fois et elle est appelée avec des paramètres actuels. La macro-fonction, quant à elle, est une partie d'un programme qui, à chaque fois qu'elle est appelée, est insérée en lieu et place de l'appel. Dans notre listing, à la ligne 8, la macro-fonction **Moyenne** est appelée avec les valeurs 4.5 et -8.9, respectivement. L'effet est que la macro-fonction **Moyenne** *se met* à la place de **Moyenne(4.5, -8.9)** et détermine la moyenne de ces deux nombres ; comme cela a été défini avec la directive **#define Moyenne(x,y)**.
Après **#undef PI**, la constante **PI** n'est plus connue du programme. De même, après la directive **#undef Moyenne**, la macro-fonction **Moyenne** devient indéfinie et inconnue du programme.

11.4.3 #if, #else, #elif, #endif, #ifdef, #ifndef

Le branchement conditionnel existe aussi pour le préprocesseur. La directive **#if** est pour la condition **Si**, **#else** pour **Sinon**, **#elif** pour **Sinon Si** et **#endif** pour **Fin Si**.
La directive suivante **#ifdef Identifiant** (if defined) est un test qui est positif (VRAI) lorsque l'**Identifiant** est défini.
L'instruction **#ifndef Identifiant** est le test qui est VRAI si l'**Identifiant** n'est pas défini.
L'**Identifiant**, lui, peut être une constante, un macro, etc.
Ces deux dernières directives peuvent être utilisées, par exemple, pour éviter qu'une grandeur ne soit définie plusieurs fois.

11.4.4 #error, #line, #pragma

La directive **#error "Message"** (#error suivi d'un message) permet d'arrêter la compilation du code source à cette position. À cette ligne, le compilateur va signaler qu'il y a une erreur et le message sera affiché.
La directive **#line Nombre** (#line suivi d'un nombre) peut être donnée au compilateur. Elle permet de changer la numérotation des lignes lors de la compilation. Dans ce cas la ligne où se trouve cette directive sera la ligne

numéro (**Nombre - 1**). La directive **#line Nombre "Fichier"** change la numérotation et le nom du fichier qui est pris pour référence lors de la compilation.
#pragma est utilisée pour spécifier des options du compilateur.

11.5 Exercices

1. La fonction d'onde $\psi(n, x, y)$, définie de la manière suivante, est considérée :

$$\psi(n, x, y) \;=\; A_n \cdot cos(k\,x) \cdot sin(k\,y) \;\;,$$

   où

$$A_n \;=\; \frac{1}{1+2+3+\ldots+n}\,, \;\; k \;=\; \frac{2\pi}{a}\,, \;\; a = 0.45$$

   Implémenter cette belle fonction en C++.

2. Écire un programme en C++. Ce dernier comprendra une procédure qui prend comme arguments trois réels x, y, z. Ces derniers seront permutés, de sorte que x prenne la valeur de z ; y prenne la valeur de x ; et que z prenne la valeur de y.
   Des variables x1, y1, z1 seront declarées et la procédure sera appelée avec ces variables là, afin d'illustrer à l'ecran la bonne exécution de ce programme.

3. Faire une étude comparative détaillée entre *Pascal* et C++ .

Bibliographie

[1] Susan M. Merritt, Allen Stix : "**Migrating from Pascal to C++**", Springer-Verlag New York Berlin Heidelberg SPIN 10533267, ISBN 0-387-94730-2.

[2] Bjarne Stroustrup : " **The C++ Programming Language**", Third Edition, Addison-Wesley, 1997, ISBN 10 : 0321563840, ISBN 13 : 9780321563842.

[3] Wilfried Gawehn : " **ANSI C - Turbo C : Eine vollständige Einführung einschliesslich der Turbo C-Grafik und der C-Bibliothek**", B.I. Wissenschaftsverlag, Mannheim, Wien, Zürich, 1989, ISBN 3-411-14211-1.

[4] Brian W. Kernighan, Dennis M. Ritchie : "**The C Programming Language : ANSI C Version (2nd Edition)**", Prentice Hall PTR, Upper Sadddle River, New Jersey, 1988, ISBN 10 : 0131103709, ISBN 13 : 9780131103627.

[5] http ://fr.wikipedia.org/wiki/Constante_physique

[6] http ://fr.wikipedia.org/wiki/Vitesse_de_la_lumi%C3%A8re

[7] http ://en.wikipedia.org/wiki/Operators_in_C_and_C%2B%2B

[8] http ://c4learn.com/tutorials/learn-cplusplus/setw-setting-field-width-using-cout-in-c-programming/

[9] http ://en.wikipedia.org/wiki/Factorial

[10] http ://en.wikipedia.org/wiki/Compiler

[11] http ://en.wikibooks.org/wiki/C%2B%2B_Programming/Programming_Languages/C%2B%2B/Code/Compiler/Preprocessor

[12] http ://en.wikipedia.org/wiki/Compiler

[13] http ://en.wikipedia.org/wiki/Parsing

Annexe A

Mots Réservés du langage *Pascal*

Ce chapitre présente les mots réservés du langage *Pascal*.

A.1 Mots Réservés de Turbo *Pascal*

absolute and array asm begin case const constructor destructor div do downto else end file for function goto if implementation in inherited inline interface label mod nil not object of on operator or packed procedure program record reintroduce repeat self set shl shr string then to type unit until uses var while with xor

A.2 Mots Réservés de Free *Pascal*

dispose exit false new true

A.3 Mots Réservés de *Pascal* Objet

as class dispinterface except exports finalization finally initialization inline is library on out packed property raise resourcestring threadvar try

A.4 Modificateurs

absolute abstract alias assembler cdecl cppdecl default export external far far16 forward index local name near nostackframe oldfpccall override pascal private protected public published read register reintroduce safecall softfloat stdcall virtual write

Bibliographie

[1] http ://www.freepascal.org/docs-html/ref/refse3.html#x11-100001.3

Annexe B

Mots Réservés et Opérateurs en C++

Nous présentons, en anglais, les mots-clés et les opérateurs du langage C++. Ce chapitre servira de référence pour quiconque souhaitant connaître l'existence d'un mot réservé ou d'un opérateur.

B.1 C++ Keywords

alignas (since C++11) alignof (since C++11) and and_eq asm auto(1) bitand bitor bool break case catch char char16_t (since C++11) char32_t (since C++11) class compl const constexpr (since C++11) const_cast continue decltype (since C++11) default(1) delete(1) do double dynamic_cast else

enum explicit export(1) extern false float for friend goto if inline int long mutable namespace new noexcept (since C++11) not not_eq nullptr (since C++11) operator or or_eq private protected public register reinterpret_cast

return short signed sizeof static static_assert (since C++11) static_cast struct switch template this thread_local (since C++11) throw true try typedef typeid typename union unsigned using(1) virtual void volatile wchar_t while xor xor_eq

B.2 Opérateurs

<table>
<tr><th>Priority</th><th>Operator</th><th>Description</th><th>Associativity</th></tr>
<tr><td>1</td><td>: :</td><td>Scope resolution</td><td rowspan="6">Left-to-right</td></tr>
<tr><td rowspan="5">2</td><td>++ - -</td><td>Suffix/postfix increment and decrement</td></tr>
<tr><td>()</td><td>Function call</td></tr>
<tr><td>[]</td><td>Array subscripting</td></tr>
<tr><td>.</td><td>Element selection by reference</td></tr>
<tr><td>− ></td><td>Element selection through pointer</td></tr>
<tr><td rowspan="9">3</td><td>++ - -</td><td>Prefix increment and decrement</td><td rowspan="9">Right-to-left</td></tr>
<tr><td>+</td><td>Unary plus and minus</td></tr>
<tr><td>!</td><td>Logical NOT and bitwise NOT</td></tr>
<tr><td>(type)</td><td>Type cast</td></tr>
<tr><td>*</td><td>Indirection (dereference)</td></tr>
<tr><td>&</td><td>Address-of</td></tr>
<tr><td>sizeof</td><td>Size-of</td></tr>
<tr><td>new, new[]</td><td>Dynamic memory allocation</td></tr>
<tr><td>delete, delete[]</td><td>Dynamic memory deallocation</td></tr>
<tr><td>4</td><td>.* − >*</td><td>Pointer to member</td><td rowspan="12">Left-to-right</td></tr>
<tr><td>5</td><td>* / %</td><td>Multiplication, division, and remainder</td></tr>
<tr><td>6</td><td>+</td><td>Addition and subtraction</td></tr>
<tr><td>7</td><td><< >></td><td>Bitwise left shift and right shift</td></tr>
<tr><td rowspan="2">8</td><td>< <=</td><td>For relational operators < and ≤ respectively</td></tr>
<tr><td>> >=</td><td>For relational operators > and ≥ respectively</td></tr>
<tr><td>9</td><td>==!=</td><td>For relational = and respectively</td></tr>
<tr><td>10</td><td>&</td><td>Bitwise AND</td></tr>
<tr><td>11</td><td>∧</td><td>Bitwise XOR (exclusive or)</td></tr>
<tr><td>12</td><td>|</td><td>Bitwise OR (inclusive or)</td></tr>
<tr><td>13</td><td>&&</td><td>Logical AND</td></tr>
<tr><td>14</td><td>||</td><td>Logical OR</td></tr>
<tr><td rowspan="6">15</td><td>? :</td><td>Ternary conditional</td><td rowspan="6">Right-to-left</td></tr>
<tr><td>=</td><td>Direct assignment</td></tr>
<tr><td>+= −=</td><td>Assignment by sum and difference</td></tr>
<tr><td>*= /= %=</td><td>Assignment by product, quotient, and remainder</td></tr>
<tr><td><<= >>=</td><td>Assignment by bitwise left shift and right shift</td></tr>
<tr><td>&= ∧= |=</td><td>Assignment by bitwise AND, XOR, and OR</td></tr>
<tr><td>16</td><td>throw</td><td>Throw operator (for exceptions)</td><td rowspan="2">Left-to-right</td></tr>
<tr><td>17</td><td>,</td><td>Comma</td></tr>
</table>

Bibliographie

[1] http ://en.cppreference.com/w/cpp/keyword

[2] http ://en.cppreference.com/w/cpp/language/operator_precedence

Index

L

M

N

O

P

R

S

L'HARMATTAN ITALIA
Via Degli Artisti 15; 10124 Torino

L'HARMATTAN HONGRIE
Könyvesbolt ; Kossuth L. u. 14-16
1053 Budapest

L'HARMATTAN KINSHASA
185, avenue Nyangwe
Commune de Lingwala
Kinshasa, R.D. Congo
(00243) 998697603 ou (00243) 999229662

L'HARMATTAN CONGO
67, av. E. P. Lumumba
Bât. – Congo Pharmacie (Bib. Nat.)
BP2874 Brazzaville
harmattan.congo@yahoo.fr

L'HARMATTAN GUINÉE
Almamya Rue KA 028, en face du restaurant Le Cèdre
OKB agency BP 3470 Conakry
(00224) 60 20 85 08
harmattanguinee@yahoo.fr

L'HARMATTAN CAMEROUN
BP 11486
Face à la SNI, immeuble Don Bosco
Yaoundé
(00237) 99 76 61 66
harmattancam@yahoo.fr

L'HARMATTAN CÔTE D'IVOIRE
Résidence Karl / cité des arts
Abidjan-Cocody 03 BP 1588 Abidjan 03
(00225) 05 77 87 31
etien_nda@yahoo.fr

L'HARMATTAN MAURITANIE
Espace El Kettab du livre francophone
N° 472 avenue du Palais des Congrès
BP 316 Nouakchott
(00222) 63 25 980

L'HARMATTAN SÉNÉGAL
10 VDN en face Mermoz, après le pont de Fann
BP 45034 Dakar Fann
33 825 98 58 / 33 860 9858
senharmattan@gmail.com / senlibraire@gmail.com
www.harmattansenegal.com

L'HARMATTAN BÉNIN
ISOR-BENIN
01 BP 359 COTONOU-RP
Quartier Gbèdjromèdé,
Rue Agbélenco, Lot 1247 I
Tél : 00 229 21 32 53 79
christian_dablaka123@yahoo.fr

Achevé d'imprimer par Corlet Numérique - 14110 Condé-sur-Noireau
N° d'Imprimeur : 908419 - Juillet 2019 - Imprimé en France